Olguer Morales Valenzuela
Fredy Segura
Mario Valderrama

Estimulador cerebral sem fios (WBS)

Olguer Morales Valenzuela
Fredy Segura
Mario Valderrama

Estimulador cerebral sem fios (WBS)

EBM para o estudo de doenças neurodegenerativas em modelo animal

ScienciaScripts

Imprint

Cover image: www.ingimage.com

This book is a translation from the original published under ISBN 978-3-659-82373-2.

Publisher:
Sciencia Scripts
is a trademark of
Dodo Books Indian Ocean Ltd. and OmniScriptum S.R.L publishing group

120 High Road, East Finchley, London, N2 9ED, United Kingdom
Str. Armeneasca 28/1, office 1, Chisinau MD-2012, Republic of Moldova, Europe
Managing Directors: Ieva Konstantinova, Victoria Ursu
info@omniscriptum.com

Printed at: see last page
ISBN: 978-620-8-51462-4

"Quem confia em Deus de todo o coração, sai sempre vitorioso"

Bíblia Sagrada

Conteúdo

O número de pessoas com mais de 65 anos está a aumentar progressivamente nos países desenvolvidos. Cerca de 50% das pessoas com mais de 80 anos sofrem de uma doença neurodegenerativa crónica e incapacitante [1]. Por estas razões, o envelhecimento do cérebro constitui um desafio para a biomedicina, a engenharia biomédica e as carreiras afins, sendo um dos temas de investigação prioritários nos países desenvolvidos.

Durante as últimas décadas tem-se trabalhado na estimulação do tecido cerebral como uma solução alternativa aos fármacos e às cirurgias para melhorar a qualidade de vida das pessoas que sofrem de doenças neurodegenerativas. Realizaram-se estudos em diferentes tipos de estimulação, como a estimulação transcraniana (com diferentes tipos de ondas, DC, alternadas, aleatórias) ou a estimulação cerebral profunda, com o objetivo de encontrar tipos de sinais que demonstrem melhorias na sintomatologia destas doenças.

No desenvolvimento histórico deste trabalho foram concebidos diferentes tipos de estimuladores e dispositivos de registo de EEG, alguns deles encontram-se no mercado, mas ambos são de custo bastante elevado e no caso de certos estimuladores não permitem gerar tipos arbitrários de ondas, nem permitem manipular frequências e amplitudes, pelo que se decidiu conceber e implementar um estimulador sem fios que permita modificar parâmetros como frequência, amplitude e seleção do tipo de sinal de estímulo tudo controlado por uma aplicação Android intuitiva. Com este projeto pretende-se disponibilizar uma ferramenta tecnológica que permita realizar experiências de estimulação e estudos que levem ao desenvolvimento de tratamentos mais eficazes para doenças neurodegenerativas.

Este trabalho está dividido em 5 capítulos, no primeiro capítulo é apresentado um enquadramento concetual, no segundo capítulo é detalhada a metodologia de conceção do protótipo, no terceiro capítulo é descrita a conceção e implementação do protótipo, no quarto capítulo são descritos os resultados e testes realizados e no quinto capítulo são apresentadas as conclusões e possíveis trabalhos futuros.

Agradecimentos

Principalmente quero agradecer a Deus por tudo o que recebi em todas as questões pessoais, académicas e profissionais ao longo da minha vida. À Virgem Maria que está sempre ao nosso lado.

Aos meus pais e às minhas irmãs pelo seu apoio incondicional ao longo deste percurso.

A Fredy Segura e Mario Valderrama pelo seu apoio durante o desenvolvimento deste projeto.

A Fernando Cardenas por me ter permitido utilizar o Laboratório de Neurociências e Comportamento e pela coordenação dos testes de desempenho do protótipo. Gostaria também de agradecer a Karen Corredor que efectuou a cirurgia ao rato utilizado para o teste e a Alejandro Osorio e Leydi Cubillos pelo seu apoio no teste do protótipo em ratos.

Capítulo 1: ENQUADRAMENTO TEÓRICO

1.1 Estimulação eléctrica transcraniana (EET)

A atividade neural no cérebro pode ser induzida ou modulada por um campo elétrico exógeno e pela densidade de corrente eléctrica associada no cérebro. O campo elétrico pode ser gerado de forma não invasiva através da passagem de corrente eléctrica por eléctrodos. Estas abordagens são conhecidas como estimulação eléctrica transcraniana (EET). Conforme ilustrado na Fig. 1-1. Os dispositivos TES consistem num gerador de forma de onda que produz uma corrente eléctrica que é fornecida aos eléctrodos do couro cabeludo.

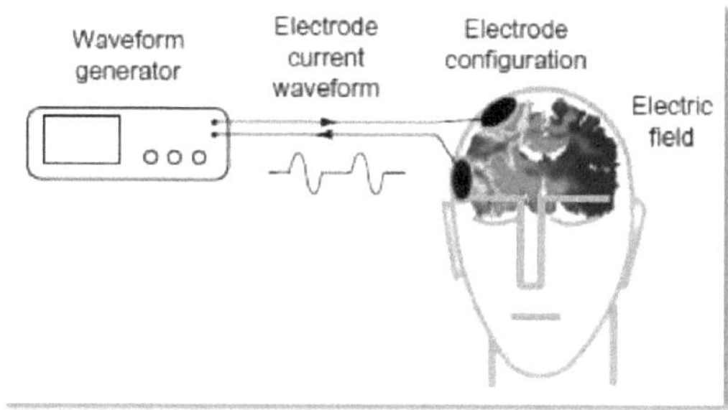

Figura 1-1. Estimulação eléctrica transcraniana [2].

O campo elétrico pode ser caracterizado por uma forma de onda temporal e uma distribuição espacial. A forma de onda temporal é controlada principalmente pelos parâmetros do gerador da forma de onda, enquanto a distribuição espacial é controlada principalmente pela configuração dos eléctrodos. Dependendo dos parâmetros de estimulação específicos, a estimulação eléctrica transcraniana (EET) tem sido diferenciada, incluindo, mas não se limitando a, estimulação transcraniana por corrente contínua (ETCC), estimulação transcraniana por corrente alternada (EACT), estimulação transcraniana por ruído aleatório (ERNR). [2]

A estimulação transcraniana (tCS) com correntes alternadas fracas (tACS) também demonstrou influenciar a função cerebral. A ideia subjacente é que a frequência utilizada na estimulação deve corresponder às ondas ou ritmos cerebrais que são caraterísticos da função cerebral a influenciar. Conseguiram aumentar as oscilações lentas durante o sono e melhorar a memória declarativa aplicando tACS sobre o córtex frontal a 0,75 Hz, que é a frequência de pico das oscilações lentas que estão associadas à consolidação da memória a longo prazo. Conseguiram induzir fosfenos em indivíduos na escuridão estimulando o seu córtex visual com tACS a frequências na banda alfa (10-12 Hz). Quando os sujeitos estavam sentados numa sala iluminada, os fosfenos eram mais facilmente induzidos pela estimulação do córtex occipital a frequências na banda beta (14-20 Hz).

Assim, parece ser possível influenciar a atividade cerebral em curso em bandas de frequência específicas em locais específicos e, por conseguinte, influenciar as respostas comportamentais. Conseguimos aumentar a potência na banda alfa nos eléctrodos parietocentrais estimulando os indivíduos na sua gama de frequência alfa individual, fornecendo assim provas electrofisiológicas diretas do efeito do tACS.

Demonstrou-se que a estimulação com uma corrente cuja amplitude variava aleatoriamente no tempo (tRNS) com um espetro de frequência de 100-640 Hz também era capaz de aumentar a excitabilidade do córtex motor [3]. Este efeito pode ser atribuído à abertura repetida dos canais de Na+ e/ou a uma maior sensibilidade das redes neuronais à modulação do campo do que o limiar médio de um único neurónio [4].

A vantagem do tRNS é que, tal como no tACS, a transferência média de carga durante a estimulação tende para zero mas, ao contrário do tACS, não existe uma frequência específica associada.

1.2 Estimulação cerebral profunda (DBS)

A estimulação cerebral profunda (ECP) é um tratamento cirúrgico bem estabelecido para as perturbações do movimento refractárias à medicação, permitindo que as pessoas recuperem o controlo da sua função motora. A terapia DBS está agora a ser explorada para uma variedade de perturbações neurológicas e psiquiátricas, proporcionando novas oportunidades para gerir doenças que se tornam refractárias à terapia médica convencional.

A utilização da estimulação eléctrica para modular a função cerebral já existe há algum tempo, tendo evoluído de uma ferramenta de previsão de resultados ablativos para a sua aplicação terapêutica atual. Na década de 1950, Hassler e colegas foram um dos primeiros grupos a utilizar a estimulação eléctrica intra-operatória para aliviar ou exacerbar o tremor contralateral quando aplicada ao globo pálido (GP) no que era considerado, na altura, uma frequência alta (25-100 Hz) e baixa (<25 Hz). Sugeriram que a estimulação eléctrica de alta frequência poderia ser utilizada como uma ferramenta para identificar regiões cerebrais que reduziriam os sintomas motores quando lesionadas.

Nos anos seguintes, numerosos estudos relataram a utilização da estimulação eléctrica de alta frequência para tratar perturbações do movimento que vão desde a discinesia à paralisia cerebral, perturbações psiquiátricas, perturbações autonómicas, perturbações convulsivas e síndromes de dor. No entanto, foi só na década de 1980, com o desenvolvimento de geradores de impulsos totalmente implantáveis e o trabalho pioneiro de Benabid e colegas (1987) [2], que a ECP foi introduzida como uma alternativa viável aos procedimentos de lesão, com o benefício adicional da reversibilidade e titulação para maximizar os efeitos terapêuticos e minimizar os efeitos secundários. Desde então, os sistemas de ECP foram implantados em quase 100.000 pacientes com distúrbios neurológicos e psiquiátricos refratários à medicação.

A figura 1-2 mostra a representação esquemática das conexões do circuito gânglio basal-talamocortical. Os alvos atualmente definidos para a terapia de estimulação cerebral profunda (DBS) estão identificados na figura por relâmpagos. O alvo escolhido depende do distúrbio neurológico a ser tratado. As cores das linhas e as formas dos terminais representam o neurotransmissor primário envolvido na via de sinalização (ver chave no canto superior esquerdo).

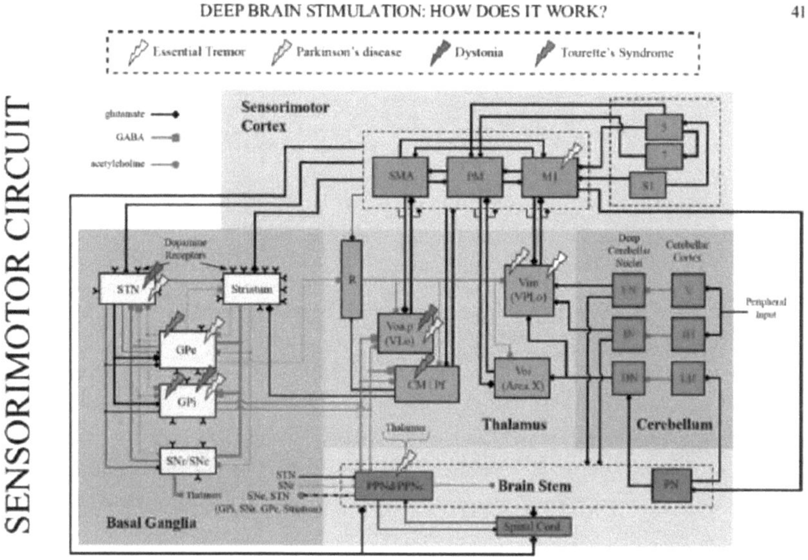

Figura 1-2 Circuito sensório-motor [2].

As abreviaturas são as seguintes: para o córtex (M1, córtex motor primário; PM, córtex pré-motor; SMA, área motora suplementar; S1, córtex somatossensorial primário), os gânglios basais (GPe, globus pallidus pars externa; GPi, globus pallidus pars interna; SNc, substantia nigra pars compacta, SNr, substantia nigra pars reticulata; STN, núcleo subtalâmico), o tálamo (CM, núcleo talâmico centromediano; Pf, núcleo parafascicular; R, formação reticular; Vim, ventrointermedius; VLo, ventralis lateralis pars oralis; Voa,p, ventro-oralis anterior, posterior; Voi, ventro-oralis internus; VPLo, ventralis posterolateralis pars oralis), o cerebelo (DN, núcleo dentado; FN, núcleos fastigiais; IH, hemisfério intermediário do cerebelo; IN, núcleos interpostos; LH, hemisfério lateral do cerebelo; V, vérmis) e o tronco cerebral (PN, núcleo pontino; PPNc, núcleo pedunculopontino caudal; PPNd, núcleo pedunculopontino dorsal).

1.3 Propriedades eléctricas do tecido neural

As propriedades resistivas do tecido são mais complicadas do que a resistência concentrada (RT) apresentada no diagrama do circuito (ver Fig. 1-3).

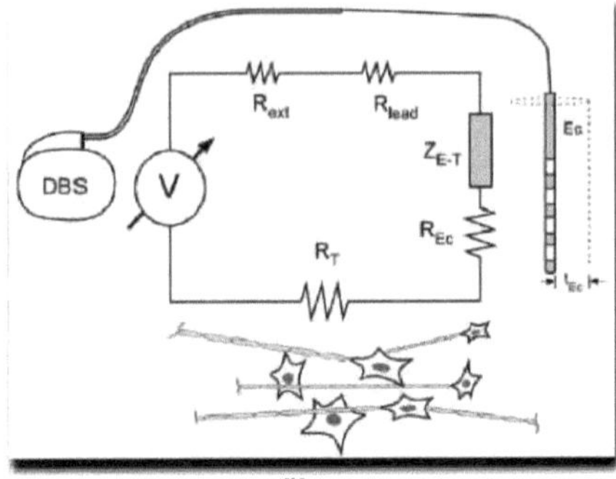

Figura 1-3 Diagrama do circuito do tecido neural. [2]

Fisicamente, a resistência (R) é uma medida da tensão (V) que atravessa um elemento à medida que a corrente (I) passa através dele. A resistência global desse elemento pode ser definida utilizando a lei de Ohm: R=V/I. No entanto, para tecidos com uma extensão geométrica, é mais apropriado e conveniente descrever a resistência distribuída do tecido, a resistividade. A resistividade é designada por ρ, com unidades de ohm-metro (O-m). Nas análises da estimulação do tecido neural, é comum utilizar a condutividade, denotada por σ, que é simplesmente o recíproco da resistividade com unidades de siemens por metro (S/m). A condutividade, como o seu nome sugere, quantifica a capacidade de um material conduzir eletricidade e é útil para descrever o fluxo de corrente no cérebro (ver Tabela 1-1. para alguns valores úteis de condutividade).

Propriedades eléctricas importantes para a DBS

	Valucfs)	Referência
Condutividade média do tecido cerebral	0,15-0,3 Sm	Ranck (1963), Geddes e Baker (1967)
Condutividade do fluido cerebrospinal	-1,5 S/m	Geddes e Baker (1967)
Sangue condutividade	O.64J.7 S/m	Geddes e Baker (1967)
Condutividade do encapsulamento	0,05-02 S/m	Grill e M ortimer (1994)
Capacidade específica de camada dupla	10-20 pF/cm²	Merrill ct aL (2005)
Resistência da extensão e do fio condutor	-80 Ω	Holsheimer ct aL (2000b), Hemm ct al. (2004)
Impedância do elétrodo DBS J	500-1500 Ω	Volkmann ct al. (2002)

Sangue humano à temperatura corporal com um hematócrito normal (40%). + Metal em solução aquosa utilizando a área teal (área geométrica multiplicada pelo fator de rugosidade). J Impedâncias muito acima ou muito abaixo desta gama podem indicar uma falha mecânica ou um curto-circuito no hardware da matriz, respetivamente.

Tabela 1-1 Valores de Condutividade (Tecido Neural) [2].

Sem a aproximação quase-estática, no entanto, a condutividade por si só seria insuficiente para descrever completamente os potenciais gerados por uma fonte de corrente. A aproximação quasiestática permite que as propriedades eléctricas do tecido em todos os instantes de tempo sejam tratadas independentemente umas das outras. Ironicamente, não permite que o tecido cerebral tenha qualquer "memória" do que acabou de acontecer, ignorando os efeitos capacitivos, indutivos e de propagação de ondas.

Plonsey e Heppner (1967) [2] foram os primeiros a aplicar esta simplificação a tecidos vivos, e a sua utilização foi validada para descrever potenciais criados por DBS com parâmetros de estimulação típicos. A condutividade do cérebro é não homogénea e anisotrópica. Estas caraterísticas foram medidas diretamente em modelos animais e inferidas quantitativamente a partir de imagens de tensor de difusão do cérebro humano.

- A não homogeneidade resulta de diferenças anatómicas entre regiões do tecido neural (por exemplo, substância branca versus substância cinzenta) que causam diferenças na condutividade do meio tecidular. Além disso, o tecido neural e o tecido de encapsulamento à volta do elétrodo cronicamente implantado também podem ter diferentes condutividades.
- A anisotropia é a propriedade de ser dependente da direção. O tecido neural apresenta anisotropia porque os axónios na substância branca são paralelos uns aos outros, pelo que a condutividade longitudinal da substância branca é superior à condutividade transversal.

A inomogeneidade e a anisotropia do tecido cerebral tornam complexo o fluxo da corrente de estimulação no sistema nervoso central (SNC). Um poderoso software de modelação de elementos finitos permite aos investigadores ter em conta estas propriedades nos modelos de estimulação eléctrica do SNC. No entanto, outra abordagem consiste em fazer suposições simplificadoras, por exemplo, que a condutividade média do tecido é homogénea e isotrópica. Por outras palavras, podemos atribuir uma condutividade média ao meio tecidular que não depende da direção. Estes pressupostos são úteis para fins didácticos, uma vez que permitem calcular facilmente os potenciais gerados por uma fonte de corrente, mas ignoram contribuições importantes para o padrão de ativação neural. A equação (1) para o potencial a uma distância (r) de uma fonte pontual é dada por:

$$\phi(r) = \frac{I}{4\pi\sigma r} \tag{1}$$

em que I é a corrente fornecida através da fonte pontual, σ é a condutividade do tecido e r é a distância da fonte de corrente. A condutividade mede a forma como os potenciais diminuem à medida que nos afastamos da fonte.

Durante a DBS controlada por tensão, a impedância de todo o circuito dita a quantidade de corrente que flui através do tecido neural. Os valores típicos da impedância global variam entre 500 e 1500Ω [2]. Assumir uma impedância constante de 1000Ω fornece uma regra geral simples para aproximar a corrente fornecida pelo DBS controlado por voltagem: alterar a amplitude do DBS em um volt altera a amplitude da corrente do DBS em um miliampere. As propriedades resistivas do tecido à volta do elétrodo contribuem para a impedância global; este tecido inclui tanto o tecido de encapsulamento que rodeia imediatamente um elétrodo de estimulação cronicamente implantado, conhecido como cicatriz glial, como o tecido neural.

Capítulo 2: METODOLOGIA

Para a conceção e implementação do protótipo, foram planeadas as seguintes macro-actividades: Definição dos requisitos técnicos, integração do hardware, condicionamento do sinal e processamento, desenvolvimento do software e teste de desempenho. Estas actividades estão divididas em várias fases, como mostra o diagrama 2-1:

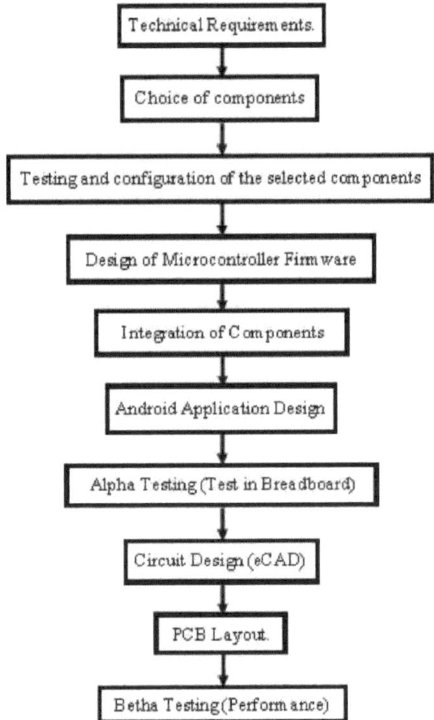

Diagrama 2-1. Metodologia de conceção e implementação do protótipo.

Capítulo 3: CONCEÇÃO E APLICAÇÃO

3.1 Requisitos técnicos (funcionalidades)

O objetivo é desenvolver um estimulador cerebral para modelo animal com as seguintes caraterísticas principais:

- Gerar diferentes formas de onda de estimulação e seleccioná-las sem fios.
- Permitem alterar a frequência e a amplitude destes sinais sem fios.
- Fácil reconfiguração.
- Tamanho reduzido e baixo consumo de energia.
- Gama de frequências: 2Hz - 2KHz
- Escala de amplitude: 0uA - 300uA

Com base nos requisitos, foi desenvolvido um diagrama de blocos (ver figura 3-1), no qual diferentes componentes são integrados para alcançar a conformidade com os requisitos técnicos definidos anteriormente.

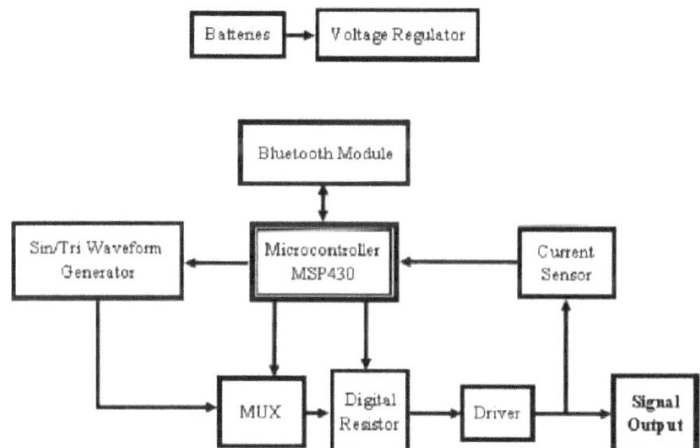

Figura 3-1 Diagrama de blocos geral do protótipo

3.2 Escolha de componentes e software:

Após a avaliação dos requisitos técnicos, foram escolhidos os seguintes componentes para desenvolver o projeto:

- MSP430G2553: Microcontrolador de sinal misto (TSSOP 28) - Texas Instruments.
- BL600: Módulo Bluetooth de baixo consumo de energia (BLE) de modo único - Laird.
- AD5932: Gerador de formas de onda de varrimento de frequência programável (TSSOP 16) - Analog Devices.
- INA214: Saída de tensão, medição de lado baixo ou alto, bidirecional, série ZeroDrift, monitores de derivação de corrente (SC70 6) - Texas Instruments.
- MC7805: Reguladores de tensão positiva de 1,0 A (TO252) - ON Semiconductors.
- FAN1616A-3.3 : Regulador Linear de Baixa Queda de 0,5A - 3,3V (SOT-223) - Fairchild Semiconductor

- FXO_HC73: Oscilador HCMOS 7 x 5mm 3.3V de 50MHz - Xpress0.
- TS3A5017: Interruptor analógico duplo SP4T (TSSOP 16) - Texas Instruments.
- LM324: Amplificadores operacionais quádruplos de baixa potência (TSSOP 14) - Texas Instruments.
- Potenciómetro digital não volátil E2POT™ X9C103 (SOIC 8) - Xicor.
- 2N2222: Amplificador NPN de uso geral (TO-92) - Fairchild Semiconductor.
- 2N3904: Amplificador PNP de uso geral (TO-92) - Fairchild Semiconductor.
- Plataforma "Android Studio" para o desenvolvimento da aplicação para telemóvel.

3.3 Teste e configuração de componentes:

3.3.1 AD5932: Gerador de formas de onda de varrimento de frequência programável.

O AD59321 é um gerador de formas de onda que oferece uma varredura de frequência programável. Utilizando o processamento digital incorporado que permite um controlo de frequência melhorado, o dispositivo gera formas de onda sintetizadas, analógicas ou digitais, escalonadas em frequência. Como os perfis de frequência são pré-programados, os ciclos de escrita contínua são eliminados, libertando assim recursos valiosos do DSP/microcontrolador. As formas de onda começam a partir de uma fase conhecida e são incrementadas de forma contínua, o que permite que as mudanças de fase sejam facilmente determinadas. Consumindo apenas 6,7 mA, o AD5932 fornece uma solução conveniente de baixa potência para a geração de formas de onda.

O AD5932 emite cada frequência na gama de interesse durante um período de tempo definido e, em seguida, passa para a frequência seguinte na gama de varrimento. O período de tempo durante o qual o dispositivo emite uma determinada frequência é pré-programado e o dispositivo incrementa a frequência automaticamente; ou, em alternativa, a frequência é incrementada externamente através do pino CTRL. No final da gama, o AD5932 continua a emitir a última frequência até que o dispositivo seja reiniciado. O AD5932 também oferece uma saída digital através do pino MSBOUT.

Para programar o AD5932, o utilizador introduz a frequência de início, o tamanho do passo de incremento, o número de incrementos a efetuar e o intervalo de tempo em que a peça produz cada frequência. O perfil de varrimento de frequência é iniciado, iniciado e executado através da comutação do pino CTRL.

O AD5932 é escrito através de uma interface serial de 3 fios que opera com taxas de clock de até 40 MHz. O dispositivo funciona com uma fonte de alimentação de 2,3 V a 5,5 V.

O AVDD e o DVDD são independentes um do outro e podem ser operados a partir de tensões diferentes. O AD5932 também tem uma função de standby que permite que as secções do dispositivo que não estão a ser utilizadas sejam desligadas.

Caraterísticas:

- Perfil de frequência programável

- Não são necessários componentes externos
- Frequência de saída até 25 MHz
- Capacidade de escuta e de explosão
- O perfil de frequência pré-programável minimiza o número de escritas do DSP/microcontrolador
- Saídas de onda sinusoidal/triangular/quadrada
- Controlo automático ou por pino único do passo de frequência
- Modo de desativação: 20 µA
- Alimentação eléctrica: 2,3 V a 5,5 V
- Gama de temperaturas para automóveis: -40°C a +125°C
- TSSOP de 16 fios, sem Pb

Diagrama de blocos funcionais:

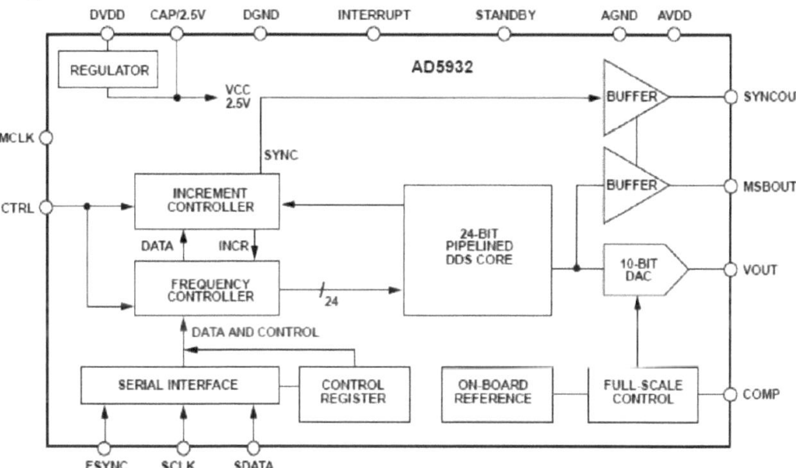

Figura 3-2 Diagrama de blocos funcionais do AD5932.

Configuração de pinos:

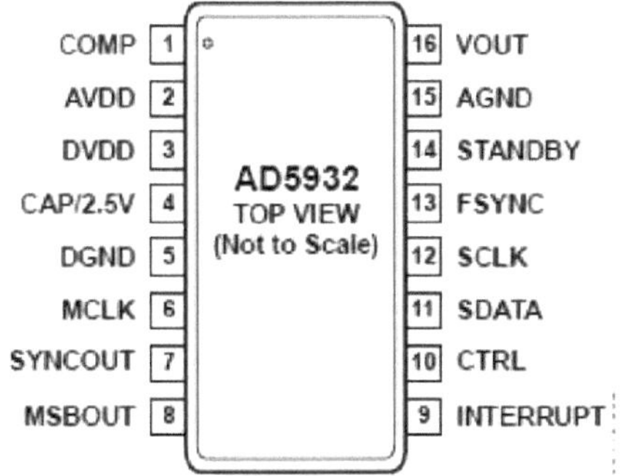

Figura 3-3 Configuração de pinos do AD5932.

Função Pinos Descrição:

PIN NO.	MNEMÓNICO	DESCRIÇÃO
1	COMP	Pino de polarização do DAC. Este pino é usado para desacoplar a tensão de polarização do DAC para AVDD.
2	AVDD	Fonte de alimentação positiva para a secção analógica. AVDD pode ter um valor de 2,3 V a 5,5 V. Deve ser ligado um condensador de desacoplamento de 0,1 µF entre AVDD e AGND.
3	DVDD	Fonte de alimentação positiva para a secção digital. DVDD pode ter um valor de 2,3 V a 5,5 V. Deve ser ligado um condensador de desacoplamento de 0,1 µF entre DVDD e DGND.
4	CAP/2,5V	Circuito digital. Funciona com uma fonte de alimentação de 2,5 V. Estes 2,5 V são gerados a partir de DVDD utilizando um regulador integrado. O regulador requer um condensador de desacoplamento de, tipicamente, 100 nF, que é ligado de CAP/2,5 V a DGND. Se DVDD for igual ou inferior a 2,7 V, CAP/2,5V pode ser curto-circuitado a DVDD.
5	DGND	Terra para todos os circuitos digitais
6	MCLK	Entrada de relógio digital. As frequências de saída do DDS são expressas como uma fração binária da frequência do MCLK. A precisão da frequência de saída e o ruído de fase são determinados por este relógio.
7	SINCOUT	Saída digital para informação do estado do varrimento. Selecionável pelo utilizador para fim de varrimento (EOS) ou incrementos de frequência através do registo de controlo (bit SYNCOP). Este pino deve ser ativado definindo o bit SYNCOUTEN no registo de controlo para 1.
8	MSBOUT	Saída digital. O MSB invertido dos dados do DAC está disponível neste pino. Este pino de saída deve ser ativado definindo o bit MSBOUTEN no registo de controlo para 1.
9	INTERRUPÇÃO	Entrada digital. Este pino actua como uma interrupção durante uma pesquisa de frequência. Uma transição de baixo para alto é amostrada pelo MCLK interno, que reinicia as máquinas de estado internas. Isto resulta no facto de a saída do DAC passar para a escala média.
10	CTRL	Entrada digital. Pino de função tripla para inicialização, arranque e incrementos de frequência externa. Uma transição de baixo para alto, amostrada pelo MCLK interno, é usada para inicializar e iniciar máquinas de estado internas, que então executam a seqüência de varredura de freqüência pré-programada. Quando em modo de auto-incremento, um único impulso executa toda a sequência de varrimento. Quando em modo de incremento externo, cada

		incremento de frequência é acionado por transições de baixo para alto.
11	SDATA	Entrada de dados em série. A palavra de dados em série de 16 bits é aplicada a esta entrada com o endereço do registo em primeiro lugar, seguido pelos MSBs a LSBs dos dados.
12	SCLK	Entrada de relógio de série. Os dados são carregados no AD5932 em cada borda descendente do SCLK.
13	FSYNC	Entrada de controlo ativa baixa. Este é o sinal de sincronização de quadro para os dados de série. Quando FSYNC é levado a um nível baixo, a lógica interna é informada de que uma nova palavra está a ser carregada no dispositivo.
14	STANDBY	Entrada digital ativa alta. Quando este pino está alto, o MCLK interno é desativado e o DAC de referência e o regulador são desligados. Para uma óptima poupança de energia, recomenda-se que o AD5932 seja reiniciado antes de ser colocado em espera, uma vez que isto resulta numa corrente de desligamento de tipicamente 20 µA.
15	AGND	Terra para todos os circuitos analógicos.
16	VOUT	Saída de tensão. As saídas analógicas do AD5932 estão disponíveis aqui. Não é necessária uma carga resistiva externa, porque o dispositivo tem um resistor de 200 Ω integrado. Recomenda-se um condensador de 20 pF para AGND para atuar como um filtro passa-baixo e para reduzir a passagem do relógio.

Tabela 3 1 Descrição dos pinos de função do AD5932

Perfil de frequência

O perfil de frequência é definido pela frequência de início (FSTART), o incremento de frequência (Af) e o número de incrementos por varrimento (NINCR). O intervalo de incremento entre incrementos de frequência, tINT, é programável pelo utilizador, sendo o intervalo determinado automaticamente pelo dispositivo (modo de incremento automático), ou controlado externamente através de um pino de hardware (modo de incremento externo). Para atualização automática, o perfil do intervalo pode ser para um número fixo de períodos de relógio ou para um número fixo de ciclos da forma de onda de saída.

No modo de incremento automático, um único pulso no pino CTRL inicia e executa a varredura de frequência. No modo de incremento externo, o pino CTRL também inicia a varredura, mas o intervalo de incremento de frequência é determinado pelo intervalo de tempo entre transições 0/1 sequenciais no pino CTRL.

Um exemplo de um varrimento de frequência de 2 passos é apresentado na figura seguinte. Note-se que o sinal de saída da frequência varrida está continuamente disponível e é, portanto, contínuo em fase em todos os incrementos de frequência.

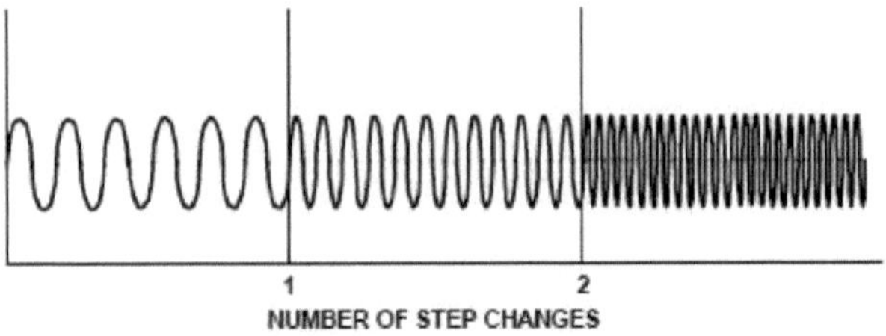

Figura 3-4 Funcionamento do AD5932

Quando o AD5932 completa a varredura de frequência do início ao fim da frequência, ou seja, de FSTART incrementalmente a (FSTART + NINCR x Δi), ele continua a emitir a última frequência na varredura. O tempo de varrimento de frequência é dado por (NINCR + 1) x tINT.

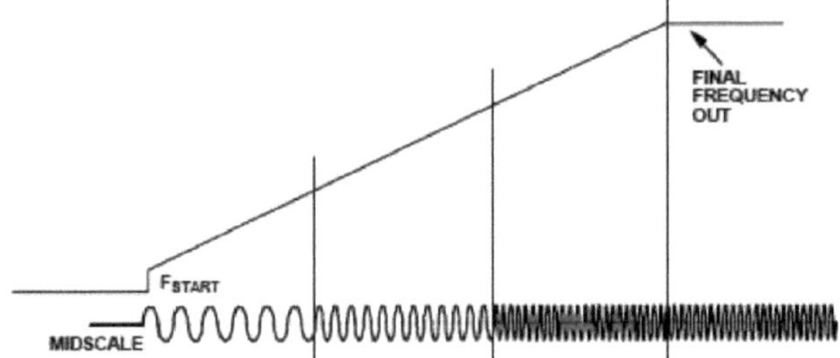

Figura 3-5 Varrimento de frequência do AD5932

Interface de série

O AD5932 tem uma interface serial padrão de 3 fios que é compatível com os padrões de interface SPI®, QSPI™, MICROWIRE™ e DSP.

Os dados são carregados no dispositivo como uma palavra de 16 bits sob o controlo de uma entrada de relógio série, SCLK.

A entrada FSYNC é uma entrada activada por nível que actua como sincronização de fotogramas e ativação de chip. Os dados só podem ser transferidos para o dispositivo quando FSYNC é baixo. Para iniciar a transferência de dados em série, o FSYNC deve ser colocado em nível baixo, observando o tempo mínimo de configuração do FSYNC para a borda descendente do SCLK, t7. Depois de FSYNC ficar em baixo, os dados em série são transferidos para o registo de deslocamento de entrada do dispositivo nos bordos descendentes de SCLK durante 16 impulsos de relógio. O FSYNC pode ser elevado após o 16º bordo descendente do SCLK, observando o tempo mínimo entre o bordo descendente do SCLK e o bordo ascendente do FSYNC, t8. Em alternativa, o FSYNC pode ser mantido baixo durante um múltiplo de 16 impulsos SCLK e depois elevado no final da transferência de dados. Desta forma, um fluxo contínuo de palavras de 16 bits pode ser carregado enquanto FSYNC é mantido baixo. O FSYNC só deve ser elevado após o 16º impulso SCLK de descida da última palavra carregada.

O SCLK pode ser contínuo ou, em alternativa, o SCLK pode estar em modo inativo alto ou baixo entre operações de escrita.

Especificações de temporização:

Todos os sinais de entrada são especificados com tR= tF = 5 ns (10% a 90% de VDD) e são temporizados a partir de um nível de tensão de (VIL+ VIH)/2

Parâmetrol	Limite em TMIN, TMAX	Unidade	Condições/Comentários
tl	20	ns min	Período MCLK
t2	8	ns min	Duração do MCLK alto
t3	8	ns min	Duração baixa do MCLK
t4	25	ns min	Período SCLK
t5	10	ns min	Tempo alto de SCLK
t6	10	ns min	Tempo baixo de SCLK
t7	5	ns min	FSYNC para SCLK tempo de configuração da borda descendente
t8	10	ns min	Tempo de retenção FSYNC para SCLK
t9	5	ns min	Tempo de configuração dos dados
t10	3	ns min	Tempo de retenção de dados
tll	2 x tl	ns min	Largura mínima do impulso CTRL
t12	0	ns min	Tempo de configuração da borda ascendente do CTRL para a borda descendente do MCLK
t13	10 X t1	ns tip	Borda ascendente de CTRL para atraso de VOUT (impulso inicial, inclui inicialização)
	8 x t1	ns tip	Borda ascendente de CTRL para atraso de VOUT (impulso inicial, inclui inicialização)
t14	1 x t1	ns tip	Mudança de frequência para a saída SYNC, cada incremento de frequência
t15	2 x t1	ns tip	Mudança de frequência para a saída SYNC, fim de varrimento
t16	20	ns máx	Borda descendente de MCLK para MSBOUT

Tabela 3-2 Especificações de temporização do AD5932.

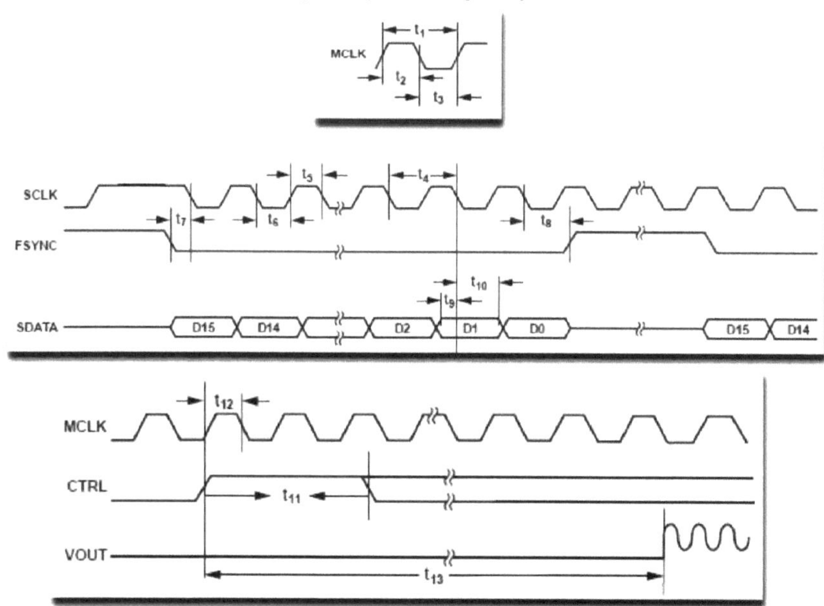

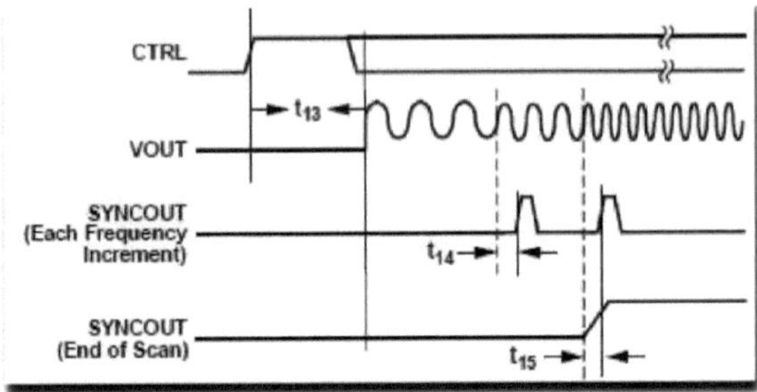

Figura 3-6 Especificações de temporização do AD5932.

Ligar o AD5932

Quando o AD5932 é ligado, a peça está num estado indefinido e, por isso, tem de ser reiniciada antes de ser utilizada. Os sete registos (controlo e frequência) contêm dados inválidos e têm de ser definidos para um valor conhecido pelo utilizador. O registo de controlo deve ser o primeiro registo a ser programado, uma vez que configura a peça. Note-se que uma escrita no registo de controlo reinicia automaticamente as máquinas de estado internas e fornece uma saída analógica de escala média, porque desempenha a mesma função que o pino INTERRUPT. Tipicamente, isto é seguido por um carregamento em série de todos os parâmetros de varrimento necessários. A saída do DAC permanece em escala média até que uma varredura de frequência seja iniciada usando o pino CTRL.

Ativar e controlar a digitalização

Depois de os registos terem sido programados, uma transição de 0 para 1 no pino CTRL inicia a pesquisa. O varrimento começa sempre a partir da frequência programada no registo FSTART. Altera pelo valor no registo Δf e aumenta pelo número de passos no registo NINCR.

No entanto, o intervalo de tempo de cada frequência pode ser controlado internamente utilizando o registo tINT ou externamente utilizando o pino CTRL. As opções disponíveis são:

- Controlo de auto-incremento: O valor no registo tINT é utilizado para controlar o varrimento. O AD5932 emite cada frequência durante o período de tempo programado no registo TINT, antes de passar para a frequência seguinte. Para configurar o AD5932 para este modo, INT/EXT INCR (Bit D5) tem de ser definido para 0.

- CONTROLO DE INCREMENTO EXTERNO: Neste caso, o intervalo de tempo, tINT, é definido pela taxa de impulsos no pino CTRL. A primeira transição de 0 para 1 no pino inicia a varredura. Cada transição subsequente de 0 para 1 no pino CTRL aumenta a frequência de saída pelo valor programado no registo Δf. Para configurar o AD5932 para este modo, INT/EXT INCR (Bit D5) deve ser definido como 1.

AD5932 para interface de microcontrolador

A Figura 5 mostra a interface serial entre o AD5932 e um microcontrolador. O microcontrolador está configurado como o mestre, que fornece um relógio de série em UCB0CL enquanto a saída UCB0SIMO acciona a linha de dados de série, SDATA. Como o microcontrolador não tem um pino de sincronização de quadro dedicado, o sinal FSYNC é derivado de um GPIO. As condições de configuração para o funcionamento correto da interface são as seguintes

- A SCK fica em ralenti entre operações de escrita (CPOL = 0).
- Os dados são válidos no bordo descendente da SCK (CPHA = 1).

Quando os dados estão a ser transmitidos para o AD5932, a linha FSYNC é mantida baixa. Os dados em série do microcontrolador são transmitidos em bytes de 8 bits com apenas oito bordas descendentes de relógio a ocorrerem no ciclo de transmissão. Os dados são transmitidos primeiro MSB. Para carregar os dados no AD5932, a GPIO é mantida baixa após a transferência dos primeiros oito bits e uma segunda operação de escrita em série é efectuada para o AD5932. Só depois de os segundos oito bits terem sido transferidos é que o FSYNC deve ser novamente elevado.

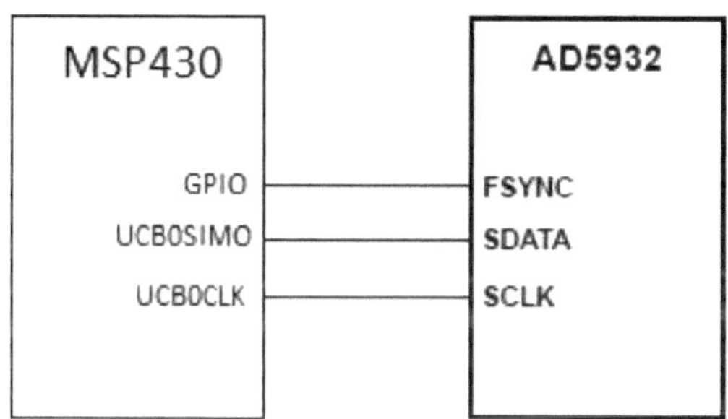

Figura 3-7 Interface MSP430 para AD5932 [5]

PINOS ADICIONAIS OMITIDOS PARA MAIOR CLAREZA

Para configurar o AD5932, é necessário escrever nos seguintes registos:

- Registo de controlo x 1
- Registos de frequência de arranque (FSTART) x 2
- Registo de incremento de frequência (ou frequência delta) (Δf) x 1
- Registo do número de incrementos (NINCR) x 1

> Registo de controlo

O primeiro registo a escrever depois de ligar o AD5932 é o registo de controlo de 16 bits. Escrever o seguinte código (Quadro I) no registo de controlo coloca a peça em modo de varrimento:

BIT	VALOR	FUNÇÃO
D15 a D12	ADDR	Bits de endereço do registo.

D11	1	Quando B24 = 1, uma palavra completa é carregada num registo de frequência em duas escritas consecutivas. FSTART torna-se uma operação de duas escritas, ambas MSB e LSB carregadas.
D10	1	DAC ativado.
D9	1	Onda sinusoidal selecionada
D8	1	Pino MSBOUT ativado.
D7	1	Este bit deve ser definido como 1.
D6	1	Este bit deve ser definido como 1.
D5	1	Os incrementos de frequência são acionados externamente através do pino CTRL.
D4	1	Este bit deve ser definido como 1.
D3	1	O pino SYNCOUT alterna no final de uma varredura
D2	1	O pino SYNCOUT alterna no final de uma varredura
D1	1	Este bit deve ser definido como 1.
DO	1	Este bit deve ser definido como 1.

Tabela 3-3 Descrição dos bits do Registo de Controlo do AD5932.

Para uma saída de onda sinusoidal:

D15	D14	D13	D12	D11	D10	D9
0	0	0	0	1	1	1

D8	D7	D6	D5	D4	D3	D2	D1	D0
1	1	1	1	1	1	1	1	1

Quadro I: 0000111111111111 = 0x0FFF

D15	D14	D13	D12	D11	D10	D9
0	0	0	0	1	1	0

D8	D7	D6	D5	D4	D3	D2	D1	D0
1	1	1	1	1	1	1	1	1

Para uma saída de onda triangular:

Quadro I: 0000110111111111 = 0x0DFF

>Início Frequência

Os dois bytes seguintes na sequência são os registos FSTART, tanto MSB como LSB:

D15	D14	D13	D12	D11 to D0
1	1	0	0	12 LSBs of FSTART [11...0]
1	1	0	1	12 MSBs of FSTART [23...12]

Tabela 3-4 Registo de frequência de arranque do AD5932.

Para gerar uma frequência de arranque de 3 Hz, a equação (2) define o código a carregar:

$$M = \frac{f_{OUT} * 2^n}{f_{MCLK}} \qquad (2)$$

onde:

- f_{OUT} = 3 Hz, a frequência de saída do AD5932.
- f_{MCLK} = 50 MHz, a frequência MCLK.
- n = 24 bits, a resolução do acumulador integrado na pastilha.

$$M = \frac{3Hz * 2^{24}}{50Mhz} = \frac{3 * 2^{24}}{50 * 10^6} \approx 1 = 0x000001$$

Este valor hexadecimal deve ser separado em FSTART MSB e FSTART LSB.

0x000001 = 0000 0000 0000 0000 0000 0001

D15	D14	D13	D12	D11 to D0
1	1	0	0	0000 0000 0001
1	1	0	1	0000 0000 0000

Por conseguinte, para o LSB de FSTART, são carregados os seguintes dados (Quadro II):

Quadro II: 1100000000000001 = 0xC001

Para o MSB de FSTART, é carregado o seguinte código (Quadro III):

Quadro III: 1101000000000000 = 0xD000

>Incremento de frequência

O registo Δf é um registo de 23 bits que requer duas escritas de 16 bits para ser programado.

A direção do incremento é determinada pelos bits de endereço.

D15	D14	D13	D12	D11	D10 to D0	Scan Direction
0	0	1	0	12 LSBs of Δf<11...0>		N/A
0	0	1	1	0	11 MSBs of Δf <22...12>	**Positive Δf (FSTART + Δf)**
0	0	1	1	1	11 MSBs of Δf <22...12>	**Negative Δf (FSTART - Δf)**

Tabela 3-5 Registo de incremento de frequência do AD5932.

Para um incremento de 6 Hz, utilizar novamente a equação (2) e o mesmo método para calcular o tamanho do incremento:

onde:

- fOUT = 6 Hz, a frequência de saída do AD5932.
- ГMCЬK = 50 MHz, a frequência MCLK.
- n = 23 bits, a resolução do acumulador na pastilha.

$$M = \frac{6\,Hz * 2^{23}}{50Mhz} = \frac{6 * 2^{23}}{50 * 10^6} \approx 1$$

D15	D14	D13	D12	D11	D10 to D0
0	0	1	0	0000 0000 0001	
0	0	1	1	0	000 0000 0000

Assim, para uma varredura de incremento crescente, o LSB (Quadro IV) do registo Δf é:

Quadro IV: 0010000000000001 = 0x2001

Para um resultado positivo Δf:

O MSB (Quadro V) do registo Δf é:

Quadro V: 0011000000000000 = 0x3000

Para os negativos Δf:

O MSB (Quadro V) do registo Δf é:

Quadro V: 0011100000000000 = 0x3800

>Número de incrementos (NINCR)

A frequência final é calculada multiplicando o valor do incremento de frequência (Δf) pelo número de incrementos de frequência, NINCR. Este é um registo de dados de 12 bits com quatro bits de endereço, como mostrado na Tabela XX, onde o número máximo de incrementos é 4095.

Para calcular a frequência de paragem, utilizar a equação (3):

$$f_{STOP} = f_{START} + N_{INCR} * \Delta f \qquad (3)$$

Para obter uma frequência de paragem de 2 KHz com um FSTART de 3 Hz e um Δf de 6 Hz:

$$N_{INCR} = \frac{f_{STOP} - f_{START}}{\Delta f} = \frac{2Khz - 3Hz}{6\text{Hz}} \approx 333$$ são necessários incrementos

333 decimal = 0x14D = 0001 0100 1101

Assim, para o registo NINCR, carregar os seguintes dados (Quadro VI):

Quadro VI: 0001000101001101 = 0x114D

Em resumo, para configurar o Gerador de Forma de Onda, é necessário enviar os seguintes comandos SPI, precedidos por uma borda ascendente no pino CTRL:

Quadro I: 0000111111111111 = 0x0FFF

Quadro II: 1100000000000001 = 0xC001

Quadro III: 1101000000000000 = 0xD000

Quadro IV: 0010000000000001 = 0x2001

Quadro V: 0011000000000000 = 0x3000

Quadro VI: 0001000101001101 = 0x114D

3.3.2 E²POT™ Potenciómetro digital não volátil

O Xicor X9C103 é um potenciómetro de estado sólido não volátil e é ideal para o corte de resistência controlado digitalmente. O X9C103 é um conjunto de resistências composto por 99 elementos resistivos. Entre cada elemento e em cada extremidade existem pontos de derivação acessíveis ao elemento raspador. A posição do elemento raspador é controlada pelas entradas CS, U/D e INC. A posição do raspador pode ser armazenada em memória não volátil e depois ser recuperada numa operação subsequente de arranque. A resolução do X9C103 é igual ao valor máximo da resistência dividido por 99 (10Kohm/99=101,01ohm).

Operação do dispositivo: Existem três secções do X9C103: a secção de controlo de entrada, contador e descodificação; a memória não volátil; e a matriz de resistências. A secção de controlo de entrada funciona como um contador ascendente/descendente. A saída deste contador é descodificada para ligar um único interrutor eletrónico que liga um ponto da matriz de resistências à saída do limpador. Sob condições adequadas, o conteúdo do contador pode ser armazenado em memória não volátil e retido para uso futuro. A matriz de resistências é composta por 99 resistências individuais ligadas em série. Em cada extremidade da matriz e entre cada resistência existe um interrutor eletrónico que transfere o potencial nesse ponto para o raspador.

As entradas INC, U/D e CS controlam o movimento do limpador ao longo da matriz de resistências. Com CS definido como LOW, o X9C103 é selecionado e ativado para responder às entradas U/D e INC. As transições de ALTO para BAIXO em INC irão incrementar ou decrementar (dependendo do estado da entrada U/D) um contador de sete bits. A saída deste contador é descodificada para selecionar uma das cem posições do raspador ao longo da matriz resistiva.

O limpa para-brisas, quando em qualquer um dos terminais fixos, actua como o seu equivalente mecânico e não se move para além da última posição. Ou seja, o contador não se desloca quando o relógio está em qualquer um dos extremos.

O valor do contador é armazenado na memória não volátil sempre que CS transitar para ALTO enquanto a entrada INC também estiver ALTA. Quando o X9C103 é desligado, a última posição do contador armazenada será mantida na memória não volátil. Quando a energia é restaurada, o conteúdo da memória é recuperado e o contador é redefinido para o último valor armazenado.

A tabela 3-6 mostra a seleção do modo e os sinais necessários para configurar as diferentes funções do potenciómetro digital.

$\overline{CS}$	$\overline{INC}$	$U/\overline{D}$	Mode
L	↓	H	Wiper Up
L	↓	L	Wiper Down
↑	H	X	Store Wiper Position
H	X	X	Standby Current
↑	L	X	No Store, Return to Standby

Tabela 3-6 Seleção de modo em 9XC103

3.3.3 TS3A5017: Interruptor analógico duplo SP4T

O TS3A5017 é um comutador analógico duplo de polo único e de 4:1 que foi concebido para funcionar de 2,3 V a 3,6 V. Este dispositivo pode lidar com sinais digitais e analógicos, e os sinais até V+ podem ser transmitidos em qualquer direção.

A Figura 3-8 mostra a tabela de funções e o diagrama de blocos do interrutor analógico.

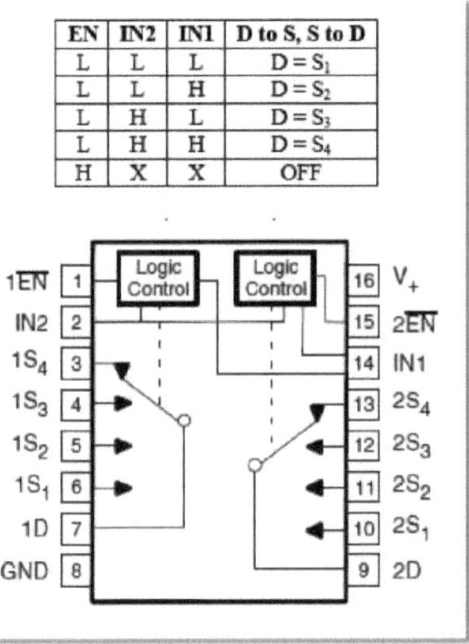

EN	IN2	IN1	D to S, S to D
L	L	L	$D = S_1$
L	L	H	$D = S_2$
L	H	L	$D = S_3$
L	H	H	$D = S_4$
H	X	X	OFF

Figura 3-8 Tabela de funções e diagrama de blocos do TS3A5017 [6]

3.3.4 BL600: Módulo Bluetooth de baixo consumo (BLE) de modo único

O módulo da série BL600 foi concebido para permitir que os OEM adicionem o Bluetooth Low Energy (BLE) de modo único a dispositivos pequenos, portáteis e que consomem pouca energia.

Baseados no chipset Nordic Semiconductor nRF51822, líder mundial, os módulos BL600 proporcionam um consumo de energia ultra-baixo com um excelente alcance sem fios através de 4 dBm de potência de transmissão [7].

Diagrama de blocos e pinagem

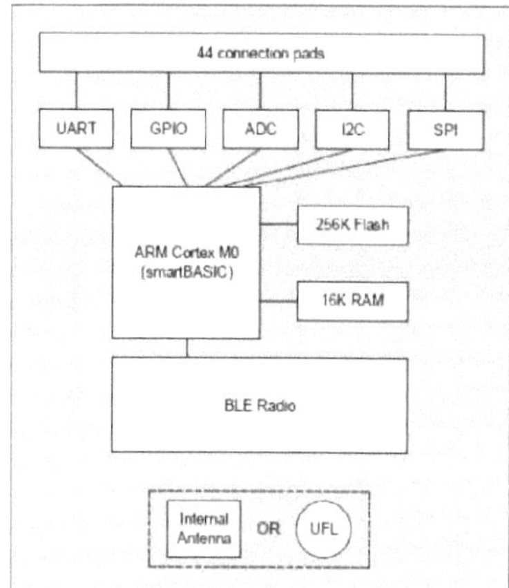

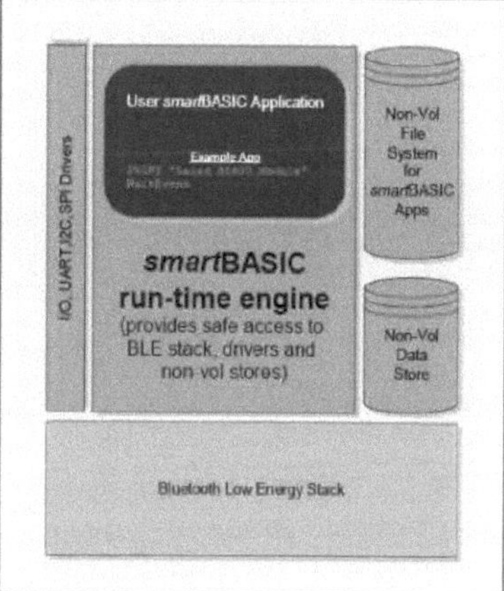

Figura 3-9 Diagrama de blocos funcionais HW e SW para BL600 [7]

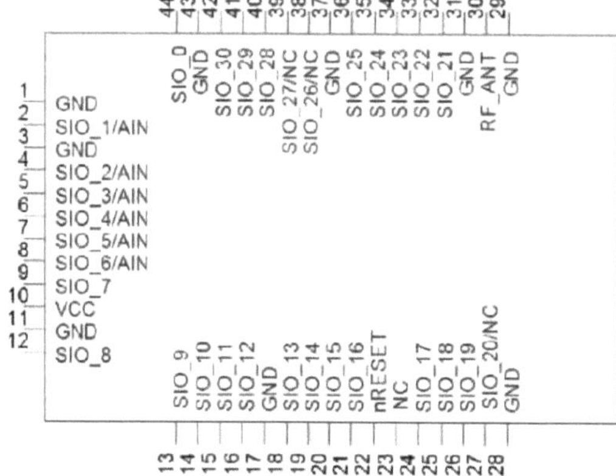

Figura 3-10 Pinagem do módulo BL600-Sx (vista superior) [7]

Especificações eléctricas: As classificações máximas absolutas para a tensão de alimentação e as tensões nos pinos digitais e analógicos do módulo estão listadas na Tabela 3-7.

Parâmetro	Míni	Máximo	Unida
Tensão no pino VCC	-0.3	+3.6	V
Tensão no pino GND		0	V
Tensão no pino SIO	-0.3	VCC+0,3	V
Temperatura de armazenamento	-40	+85	°C

Tabela 3-7 Especificações eléctricas do BL600 [7].

Para além de ligar corretamente VCC e GND, os pinos 7 e 49 devem ser ligados a VCC para configurar o modo UART Bridge no Bluetooth. Este módulo é constituído pelos pinos 32, 33, 34 e 35 (mais pormenores na Tabela 3.8)

Pino #	Nome do	Função por defeito	Alt. Funct.	Direção por defeito
9	SIO_7	DIO		IN
32	SIO_21	DIO	UART TX	SAIR
33	SIO_22	DIO	UART RX	IN
34	SIO_23	DIO	UART RTS	SAIR
35	SIO_24	DIO	UART CTS	IN
40	SIO_28	nAutoRUN		IN

Tabela 3-8 Pinos úteis para configurar o BL600 no modo Bridge [7].

3.3.5 INA214: Saída de tensão, medição do lado baixo ou alto, bidirecional, série Zero-Drift, monitores de derivação de corrente

O INA214 é um monitor de derivação de corrente com saída de tensão que pode detetar quedas através de derivações em tensões de modo comum de -0,3 V a 26 V, independentemente da tensão de alimentação. O baixo desvio da arquitetura de desvio zero permite a deteção de corrente com quedas máximas através da derivação tão baixas como 10 mV em escala real.

Estes dispositivos funcionam com uma única fonte de alimentação de 2,7 V a 26 V, consumindo um máximo de 100 µA de corrente de alimentação. Todas as versões são especificadas na gama de temperaturas de funcionamento alargada (-40°C a 125°C).

A figura 3-11 mostra o esquema simplificado e a aplicação típica do sensor de corrente.

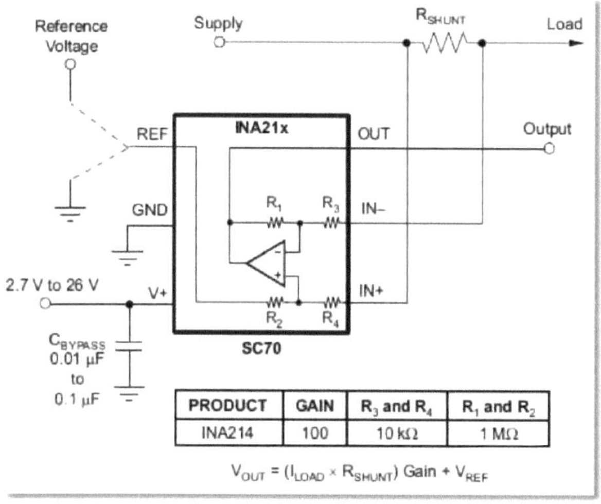

PRODUCT	GAIN	R_3 and R_4	R_1 and R_2
INA214	100	10 kΩ	1 MΩ

Figura 3-11 Esquema simplificado do INA214 [8]

3.3.6 MSP430G2553: Microcontrolador de sinal misto

A família de microcontroladores de ultra-baixo consumo MSP430 da Texas Instruments é composta por vários dispositivos com diferentes conjuntos de periféricos destinados a várias aplicações. A arquitetura, combinada com cinco modos de baixo consumo, está optimizada para conseguir uma maior duração da bateria em aplicações de medição portáteis. O dispositivo possui uma poderosa CPU RISC de 16 bits, registos de 16 bits e geradores de constantes que contribuem para a máxima eficiência do código.

O oscilador controlado digitalmente (DCO) permite o despertar dos modos de baixa potência para o modo ativo em menos de 1 µs. As séries MSP430G2x13 e MSP430G2x53 são microcontroladores de sinal misto de potência ultrabaixa com temporizadores de 16 bits incorporados, até 24 pinos de E/S habilitados para toque capacitivo, um comparador analógico versátil e capacidade de comunicação incorporada utilizando a interface de comunicação série universal. Além disso, os membros da família MSP430G2x53 possuem um conversor analógico-digital (A/D) de 10 bits.

Caraterísticas:

- Gama de tensão de alimentação baixa: 1,8 V a 3,6 V
- Consumo de energia ultra-baixo
    - Modo ativo: 230 µA a 1 MHz, 2,2 V
    - Modo de espera: 0,5 µA

- Modo desligado (retenção de RAM): 0,1 µA

- Cinco modos de poupança de energia
- Despertar ultrarrápido do modo de espera em menos de 1 µs
- Arquitetura RISC de 16 bits, tempo de ciclo de instrução de 62,5 ns
- Configurações básicas do módulo de relógio
    - Frequências internas até 16 MHz com quatro frequências calibradas
    - Oscilador de baixa frequência (LF) interno de muito baixa potência
    - Cristal de 32 kHz
    - Fonte de relógio digital externo Fusível

- Interface de dois temporizadores_A de 16 bits com três registos de captura/comparação
- Até 24 pinos de E/S activados para toque capacitivo
- Interface de comunicação série universal (USCI)
    - UART melhorada com suporte de deteção automática de taxa de transmissão (LIN)
    - Codificador e descodificador IrDA
    - SPI síncrono
    - I2C™

- Comparador integrado para função de comparação de sinal analógico ou conversão analógico-digital (A/D) de declive
- Conversor analógico-digital (A/D) de 10 bits e 200 kbps com referência interna, amostragem e retenção e varrimento automático
- Detetor de Brownout
- Programação de série a bordo, sem programação externa, sem necessidade de tensão, proteção de código programável por segurança
- Lógica de emulação em chip com interface Spy-Bi-Wire

Diagrama de blocos funcionais:

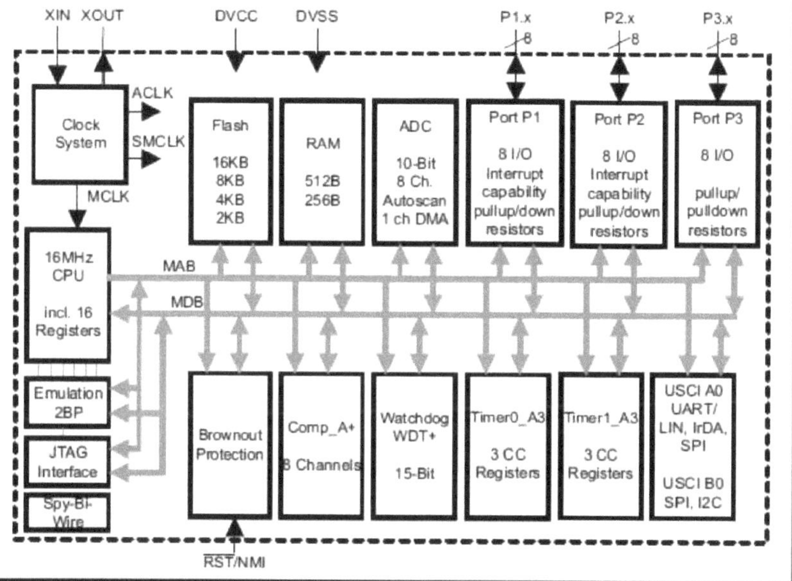

Figura 3-12 Diagrama de blocos funcionais do MSP430G2553.

Atribuição de pinos:

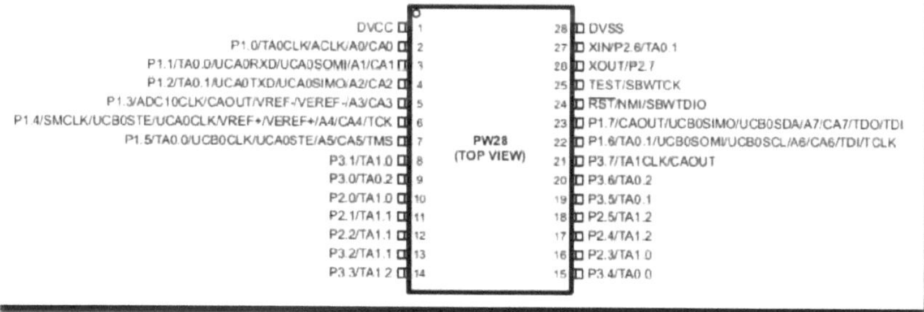

Figura 3-13 Atribuição de pinos do MSP430G2553.

CPU

Register	
Program Counter	PC/R0
Stack Pointer	SP/R1
Status Register	SR/CG1/R2
Constant Generator	CG2/R3
General-Purpose Register	R4
General-Purpose Register	R5
General-Purpose Register	R6
General-Purpose Register	R7
General-Purpose Register	R8
General-Purpose Register	R9
General-Purpose Register	R10
General-Purpose Register	R11
General-Purpose Register	R12
General-Purpose Register	R13
General-Purpose Register	R14
General-Purpose Register	R15

A CPU MSP430 tem uma arquitetura RISC de 16 bits que é altamente transparente para a aplicação. Todas as operações, com exceção das instruções de fluxo de programa, são realizadas como operações de registo em conjunto com sete modos de endereçamento para o operando de origem e quatro modos de endereçamento para o operando de destino.

A CPU está integrada com 16 registos que permitem reduzir o tempo de execução das instruções. O tempo de execução da operação registo a registo é de um ciclo do relógio da CPU.

Quatro dos registos, R0 a R3, são dedicados como contador de programa, ponteiro de pilha, registo de estado e gerador de constantes, respetivamente. Os restantes registos são registos de uso geral. Os periféricos estão ligados à CPU através de barramentos de dados, endereço e controlo, e podem ser manipulados com todas as instruções.

O conjunto de instruções consiste nas 51 instruções originais com três formatos e sete modos de endereçamento e instruções adicionais para a gama de endereços alargada. Cada instrução pode operar em dados de palavras e bytes.

Modos de funcionamento

O MSP430 tem um modo ativo e cinco modos de funcionamento de baixo consumo selecionáveis por software. Um evento de interrupção pode despertar o dispositivo de qualquer um dos modos de baixo consumo, atender à solicitação e restaurar o modo de baixo consumo ao retornar do programa de interrupção.

Os seis modos de funcionamento seguintes podem ser configurados por software:

- Modo ativo (AM)
  - o Todos os relógios estão activos
- Modo de baixo consumo 0 (LPM0)
  - o A CPU está desactivada
  - o ACLK e SMCLK permanecem activos, MCLK é desativado
- Modo de baixo consumo 1 (LPM1)
  - o A CPU está desactivada
  - o ACLK e SMCLK permanecem activos, MCLK é desativado
  - o O gerador de corrente contínua do DCO é desativado se o DCO não for utilizado no modo ativo
- Modo de baixo consumo 2 (LPM2)
  - o A CPU está desactivada
  - o MCLK e SMCLK estão desactivados
  - o O gerador dc do DCO permanece ativado
  - o ACLK permanece ativo
- Modo de baixo consumo 3 (LPM3)
  - o A CPU está desactivada
  - o MCLK e SMCLK estão desactivados
  - o O gerador de corrente contínua do DCO está desativado
  - o ACLK permanece ativo
- Modo de baixo consumo 4 (LPM4)
  - o A CPU está desactivada
  - o ACLK está desativado
  - o MCLK e SMCLK estão desactivados
  - o O gerador de corrente contínua do DCO está desativado
  - o 0 oscilador de cristal está parado

Periféricos

Os periféricos estão ligados à CPU através de barramentos de dados, endereço e controlo e podem ser manipulados utilizando todas as instruções.

Oscilador e relógio do sistema

O sistema de relógio é suportado pelo módulo de relógio básico que inclui suporte para um oscilador de cristal de 32768 Hz do relógio , um oscilador interno de baixa frequência de muito baixa potência e um oscilador interno controlado digitalmente (DCO).

O módulo de relógio básico foi concebido para satisfazer os requisitos de baixo custo do sistema e de baixo consumo de energia. O DCO interno fornece uma fonte de relógio de ativação rápida e estabiliza em menos de 1 µs. O módulo de relógio básico fornece os seguintes sinais de relógio:

- Relógio auxiliar (ACLK), alimentado por um cristal de relógio de 32768 Hz ou pelo oscilador LF interno.
- Relógio principal (MCLK), o relógio do sistema utilizado pela CPU.
- Relógio sub-mãe (SMCLK), o relógio do sub-sistema utilizado pelos módulos periféricos.

Apagão

O circuito de corte de energia é implementado para fornecer o sinal de reinicialização interno adequado ao dispositivo durante a ligação e o desligamento.

E/S digital

- São implementadas até três portas de E/S de 8 bits:
- Todos os bits de E/S individuais são programáveis de forma independente.
- É possível qualquer combinação de entrada, saída e condição de interrupção (apenas portas P1 e P2).
- Capacidade de entrada de interrupção selecionável na extremidade para todos os bits da porta P1 e da porta P2 (se disponível).
- O acesso de leitura/escrita aos registos de controlo de portas é suportado por todas as instruções.
- Cada E/S tem uma resistência pull-up ou pull-down individualmente programável.
- Cada E/S tem um bit de ativação do oscilador de pinos individualmente programável para permitir a deteção de toque capacitivo de baixo custo.

Watchdog Timer (WDT+)

A principal função do módulo de temporizador watchdog (WDT+) é efetuar um reinício controlado do sistema após a ocorrência de um problema de software. Se o intervalo de tempo selecionado expirar, é gerada uma reinicialização do sistema. Se a função watchdog não for necessária numa aplicação, o módulo pode ser desativado ou configurado como um temporizador de intervalo e pode gerar interrupções em intervalos de tempo selecionados.

Timer_A3 (TA0, TA1)

Timer0/1_A3 é um temporizador/contador de 16 bits com três registos de captura/comparação. Timer_A3 pode suportar múltiplas capturas/comparações, saídas PWM e temporização de intervalos. Timer_A3 também tem amplas capacidades de interrupção.

Podem ser geradas interrupções a partir do contador em condições de estouro e de cada um dos registos de captura/comparação.

Interface de Comunicações Seriais Universais (USCI)

O módulo USCI é utilizado para a comunicação de dados em série. O módulo USCI suporta protocolos de comunicação síncronos, como SPI (3 ou 4 pinos) e I2C, e protocolos de comunicação assíncronos, como UART, UART melhorada com deteção automática de baudrate (LIN) e IrDA.

- USCI_A0 fornece suporte para SPI (3 ou 4 pinos), UART, UART melhorada e IrDA.
- USCI_B0 fornece suporte para SPI (3 ou 4 pinos) e I2C.

(Modo mestre SPI): Gamas recomendadas de tensão de alimentação e temperatura de ar livre de funcionamento:

PARAMETER		TEST CONDITIONS	V_{CC}	MIN	TYP	MAX	UNIT
f_{USCI}	USCI input clock frequency	SMCLK, duty cycle = 50% ± 10%				f_{SYSTEM}	MHz
$t_{SU,MI}$	SOMI input data setup time		3 V	75			ns
$t_{HD,MI}$	SOMI input data hold time		3 V	0			ns
$t_{VALID,MO}$	SIMO output data valid time	UCLK edge to SIMO valid, C_L = 20 pF	3 V			20	ns

Tabela 3-9 Valores de temporização do modo mestre SPI do MSP430G2553.

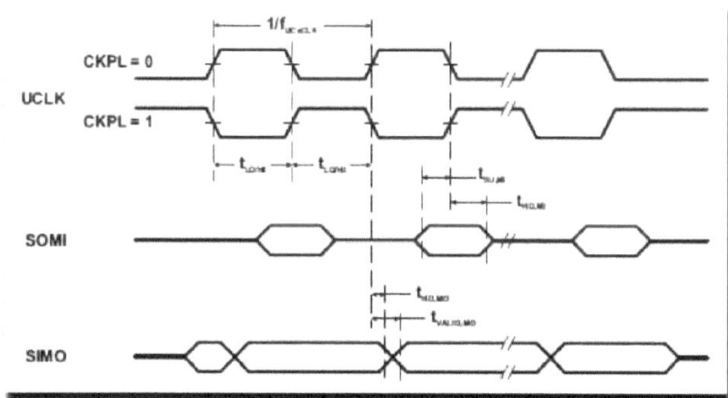

Figura 3-14 Modo mestre SPI, CKPH = 0

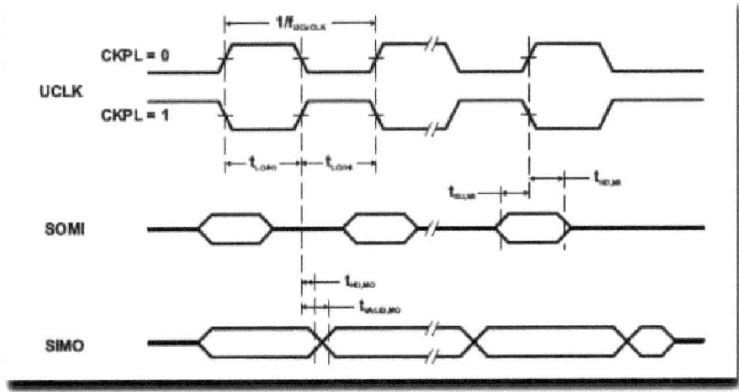

Figura 3-15 Modo mestre SPI, CKPH = 1

ADC10:

O módulo ADC10 suporta conversões analógico-digitais rápidas de 10 bits. O módulo implementa um núcleo SAR de 10 bits, controlo de seleção de amostras, gerador de referência e controlador de transferência de dados (DTC) para tratamento automático dos resultados da conversão, permitindo que as amostras ADC sejam convertidas e armazenadas sem qualquer intervenção da CPU.

Gamas recomendadas de tensão de alimentação e temperatura do ar livre de funcionamento:

PARAMETER		TEST CONDITIONS		V_{CC}	MIN	TYP	MAX	UNIT
$f_{ADC10CLK}$	ADC10 input clock frequency	For specified performance of ADC10 linearity parameters	ADC10SR = 0	3 V	0.45		6.3	MHz
			ADC10SR = 1		0.45		1.5	
$f_{ADC10OSC}$	ADC10 built-in oscillator frequency	ADC10DIVx = 0, ADC10SSELx = 0, $f_{ADC10CLK} = f_{ADC10OSC}$		3 V	3.7		6.3	MHz
$t_{CONVERT}$	Conversion time	ADC10 built-in oscillator, ADC10SSELx = 0, $f_{ADC10CLK} = f_{ADC10OSC}$		3 V	2.06		3.51	µs
		$f_{ADC10CLK}$ from ACLK, MCLK, or SMCLK: ADC10SSELx ≠ 0				13 × ADC10DIV × $1/f_{ADC10CLK}$		
$t_{ADC10ON}$	Turn-on settling time of the ADC	(1)					100	ns

Tabela 3-10 Intervalos de tensão de alimentação do ADC10.

>O Firmware do microcontrolador foi desenvolvido em linguagem C, através da aplicação IAR Workbench fornecida pela Texas Instruments.

3.4 Firmware do microcontrolador

Uma vez verificada a configuração de todos os componentes, procedeu-se ao desenho do diagrama de fluxo do firmware do microcontrolador (ver diagrama 3-1), configurando tanto os módulos internos do microcontrolador como os circuitos integrados que fazem parte do protótipo e que necessitam de uma configuração inicial (Resistência Digital, Interruptor Analógico e o Gerador de Formas de Onda).

Os diagramas 3-2 e 3-3 mostram o fluxograma do ADC (dados do sensor de corrente) e as interrupções UART (receção de dados através do Bluetooth que tiveram origem numa instrução enviada pelo utilizador através da aplicação Android).

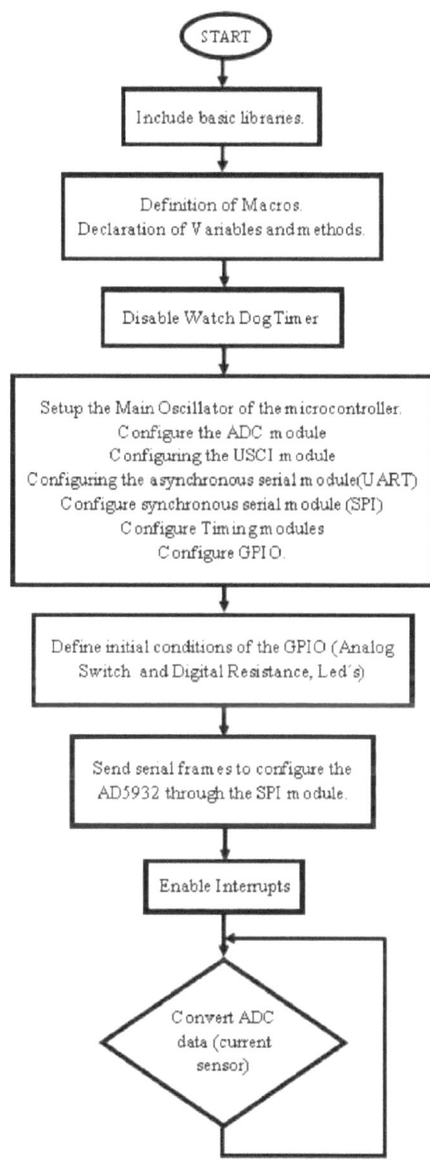

Diagrama 3-1. Diagrama de fluxo do Firmware do microcontrolador.

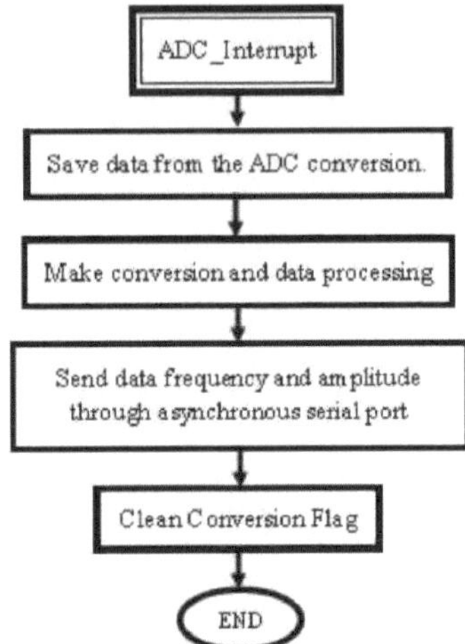

Diagrama 3-2. Diagrama de fluxo da interrupção do ADC.

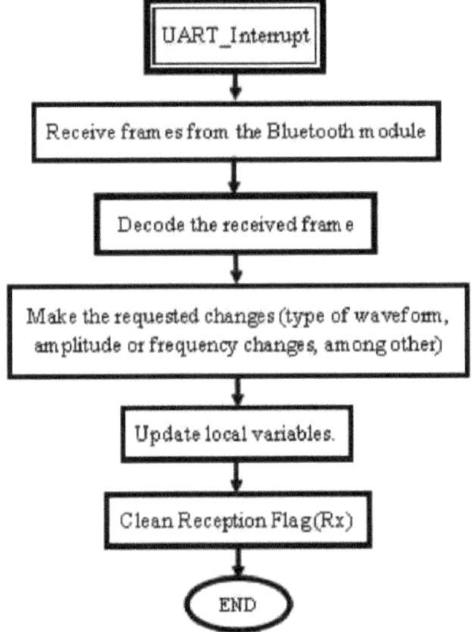

Diagrama 3-3. Diagrama de fluxo da interrupção UART

3.5 Integração de componentes

Foi efectuada a ligação de todos os componentes de acordo com a figura 3-16:

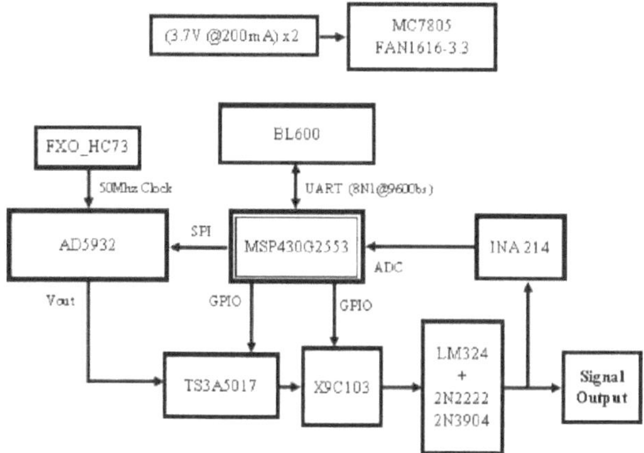

Figura 3-16 Integração de componentes

3.6 Conceção de aplicações Android

A principal função da aplicação Android é enviar quadros ASCII pelo módulo Bluetooth do telemóvel (de acordo com a Tabela 3-11) e receber quadros ASCII enviados pelo microcontrolador através do módulo Bluetooth BL600 (de acordo com a Tabela 312), descodificá-los e apresentá-los nos campos de texto de frequência e amplitude.

FUNÇÃO	1º COMANDO	2º COMANDO
ON	0x30	0x37
DESLIGADO	0x31	
Selecionar forma de onda sinusoidal	0x42	0x39
Selecionar forma de onda triangular	0x43	0x39
Selecionar forma de onda quadrada	0x41	
Selecionar forma de onda arbitrária 1	0x46	0x38
Selecionar forma de onda arbitrária 2	0x47	0x38
Selecionar forma de onda arbitrária 3	0x48	0x38
Diminuir Atual	0x34	
Aumento Atual	0x35	
Diminuir a frequência	0x44	
Aumentar a frequência	0x45	

Tabela 3-11 Envio de dados da aplicação Android para o microcontrolador.

Data0	Data1	Data2	Data3	Data5	Data6	Data7	Data8	Data9
Header	Freq_Val1	Freq_Val2	Freq_Val3	Freq_Val4	Splitter	Cur_Val1	Cur_Val2	Curr_Val3
$	0	0	0	0	%	0	0	0

Tabela 3-12 Dados enviados do microcontrolador para a aplicação Android.

A aplicação também tem de atualizar as selecções do utilizador, quer este tenha premido algum dos botões (leitura e ligação ao módulo Bluetooth, ligar/desligar o estimulador, aumentar/diminuir a frequência, aumentar/diminuir a amplitude) ou selecionado algum tipo de forma de onda a partir da lista pendente.

A interface de utilizador que permite aos utilizadores realizar as acções acima descritas pode ser observada nas Figuras (3-17) e (3-18).

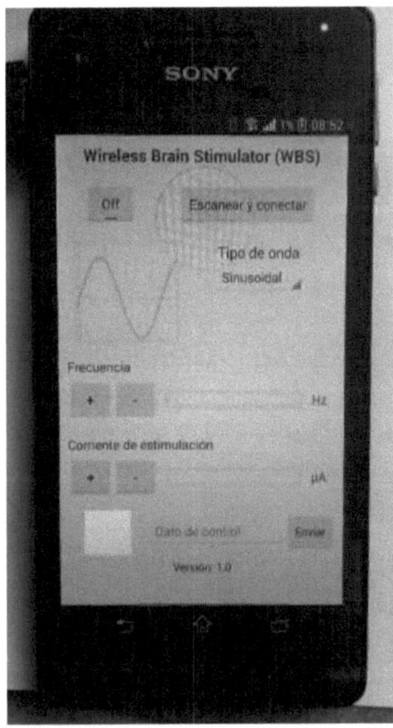

Figura 3-17 Interface de aplicação Android (Retrato)

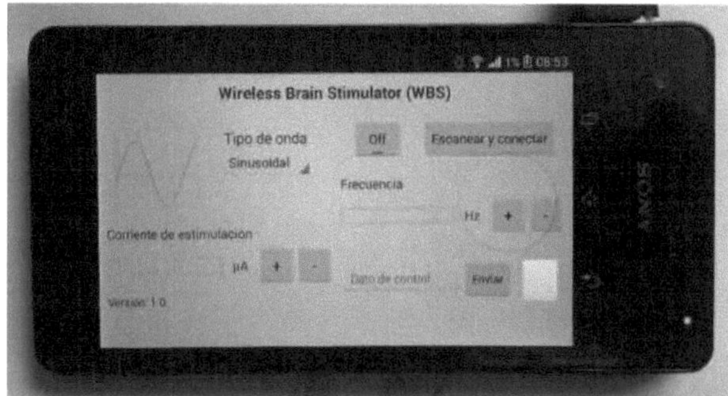

Figura 3-18 Interface de aplicação Android (paisagem).

> A aplicação para o telemóvel foi desenvolvida em Android utilizando o software Android Studio, utilizando Java como linguagem de programação principal.

3.7 Teste alfa

Uma vez efectuada a ligação de todos os circuitos integrados na breadboard, programado o microcontrolador e desenvolvida a aplicação Android, procedeu-se aos testes de desempenho: comunicação adequada entre a aplicação Android e o microcontrolador, alteração das formas de onda, tipo de estimulação, aumento/diminuição da frequência e amplitude, ligar/desligar o estimulador, entre outras funcionalidades, todas estas acções realizadas sem fios. Também os diferentes tipos de forma de onda de saída e a alteração da frequência e amplitude foram testados com recurso a um osciloscópio.

3.8 Conceção de circuitos (eCAD)

Depois de testado o sistema (hardware e software), procedeu-se à elaboração do esquema de Hardware utilizando o programa denominado "Eagle™". Este programa não dispõe de todas as bibliotecas dos componentes utilizados neste projeto, pelo que devem ser criadas as seguintes bibliotecas:

- MSP430G2553: TSSOP 28
- BL600: Base proprietária de 42 pinos
- AD5932: TSSOP 16
- MC7805: TO252
- TS3A5017: TSSOP 16.
- LM324: TSSOP 14.

Assim que todas as bibliotecas que não vêm integradas no software "EAGLE" foram criadas, o esquema do projeto ficou concluído (ver Anexo 1. Esquema do Projeto).

3.9 Esquema da placa de circuito impresso

Após completar o esquema, através da ferramenta "Board" que traz incorporado o programa Eagle, foi criado o ficheiro PCB, os componentes foram devidamente organizados e foram feitas as redes de encaminhamento. Foi efectuada uma PCB de duas camadas com furo verdadeiro (ver Figuras 319 e 3-20).

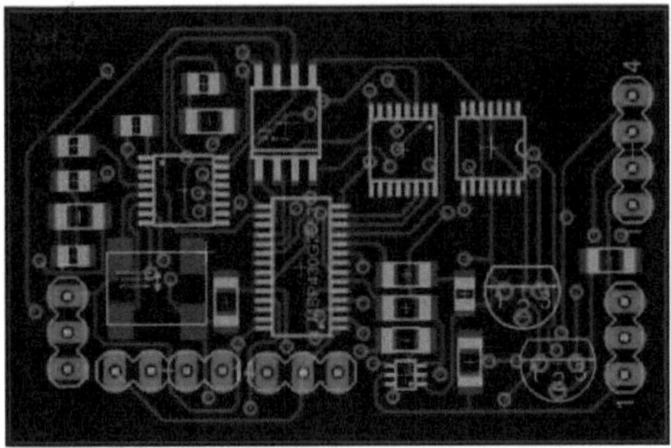

Figura 3-19 Disposição da placa de circuito impresso: Lado superior.

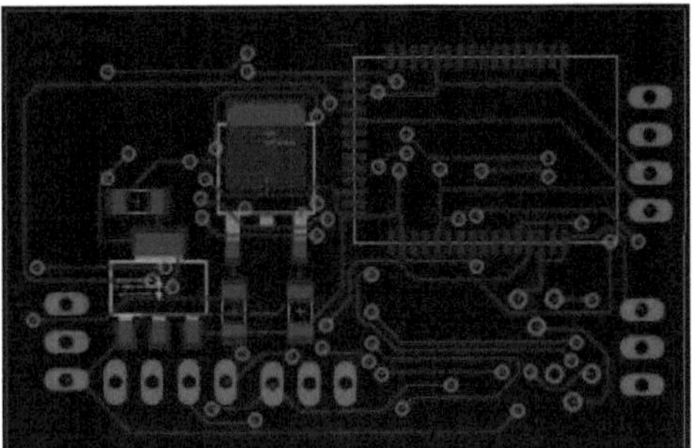

Figura 3-20 Disposição da placa de circuito impresso: Lado inferior.

Uma vez verificadas as ligações da placa de circuito impresso, a ferramenta "CAM Processor" foi utilizada para gerar os ficheiros Gerber necessários para enviar para o fabrico da placa de circuito impresso. A placa de circuito impresso final com os componentes soldados pode ser vista nas Figuras 3-21 e 3-22.

Figura 3-21 Protótipo: Lado de trás.

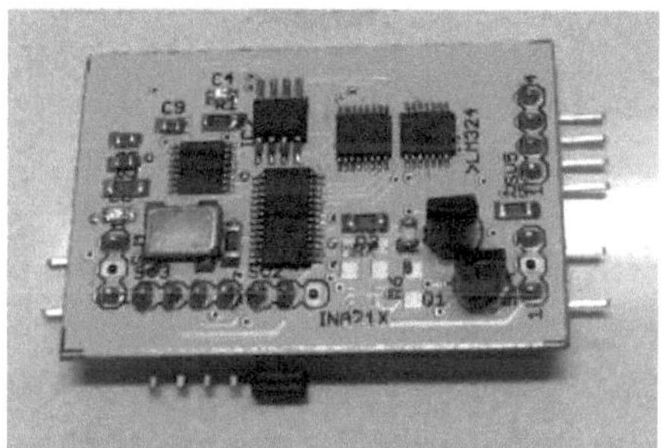

Figura 3-22 Protótipo: Lado frontal

Capítulo 4: Resultados e Testes

4.1 Protótipo

A Figura 4-1 mostra o Estimulador Cerebral Sem Fios (EBS), ligado à bateria e ao fio para ligação aos eléctrodos colocados na cabeça dos ratos.

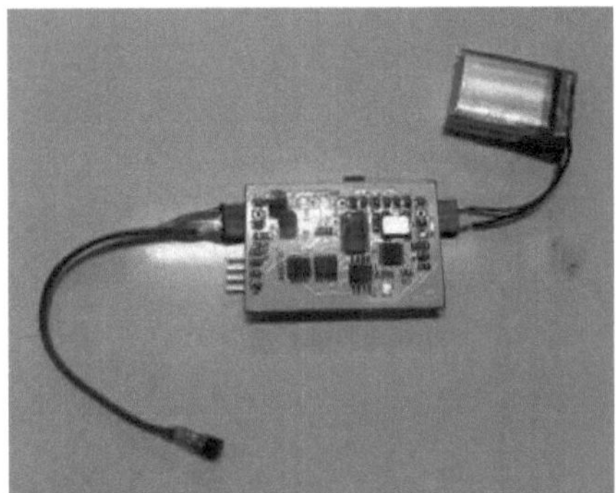

Figura 4-1 Estimulador cerebral sem fios para modelo animal

4.2 Formas de onda

Algumas das formas de onda geradas pelo estimulador são mostradas nas Figuras 4-2, 4-3 e 4-4.

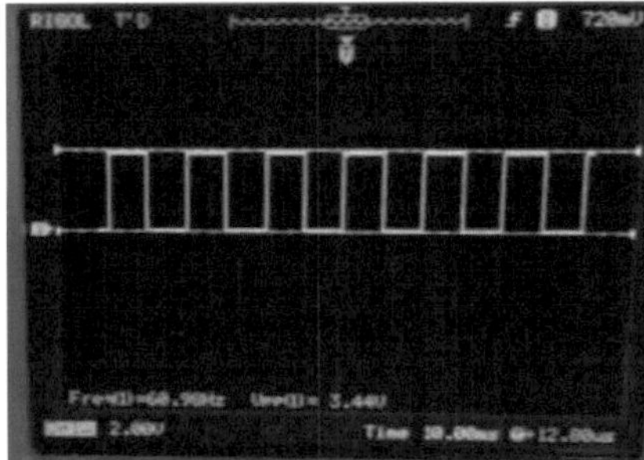

Figura 4-2 Forma de onda quadrada.

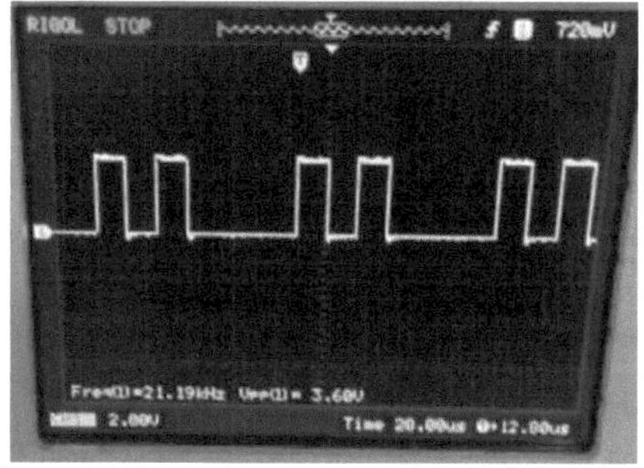

Figura 4-3 Forma de onda arbitrária (dois impulsos).

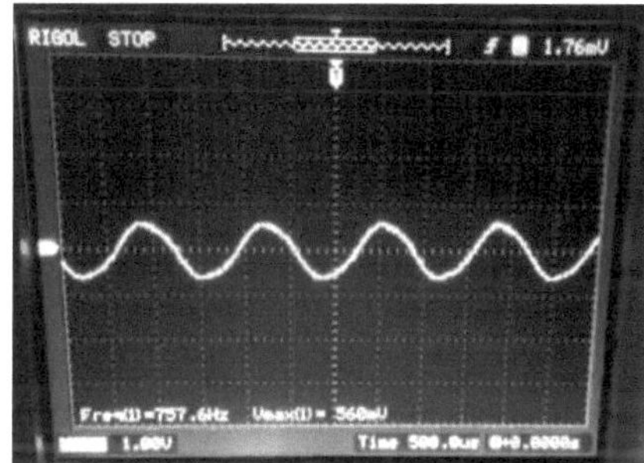

Figura 4-4 Forma de onda senoidal.

4.3 Testes em ratos

Com a ajuda de estudantes que trabalham no Laboratório de Neurociências e Comportamento, foi realizada a operação a um rato para implantar dois eléctrodos na sua cabeça (ver Figura 4-5):

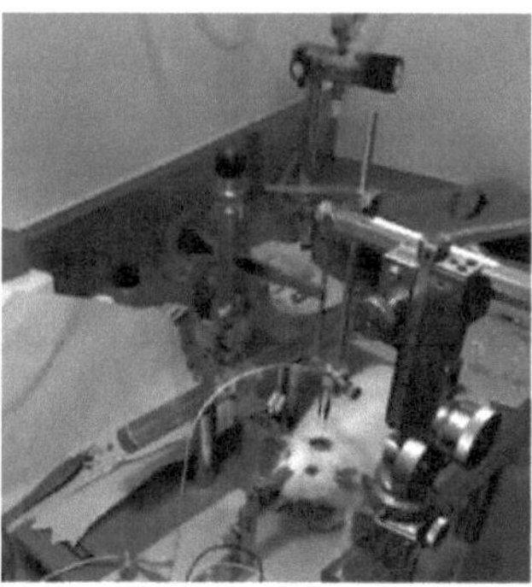

Figura 4-5 Cirurgia para implantar eléctrodos no rato.

A Figura 4-6 mostra o rato completamente recuperado após a cirurgia, sendo possível observar os dois eléctrodos implantados na sua cabeça.

Figura 4-6 Rato com dois eléctrodos no topo da cabeça

Alguns testes foram realizados momentos antes de ligar o estimulador aos eléctrodos colocados na cabeça do rato (ver Figura 4-7):

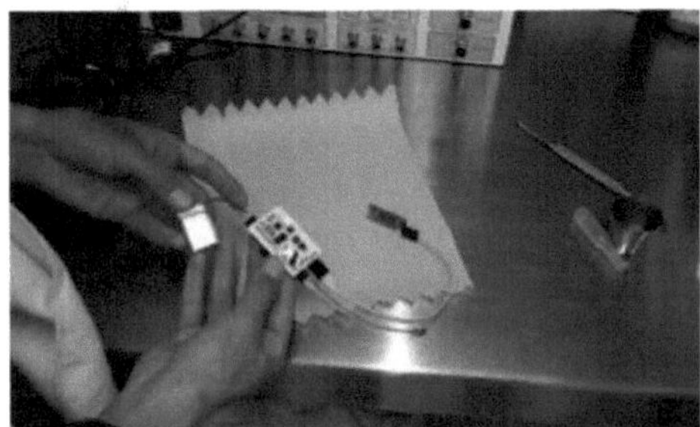

Figura 4-7 Testes antes de ligar o estimulador ao rato.

Os testes de desempenho são realizados com o estimulador ligado ao rato (ver Figura 4-8), a qualidade do sinal é verificada (utilizando um osciloscópio) e, em seguida, as alterações na frequência e amplitude são efectuadas remotamente através da aplicação Android

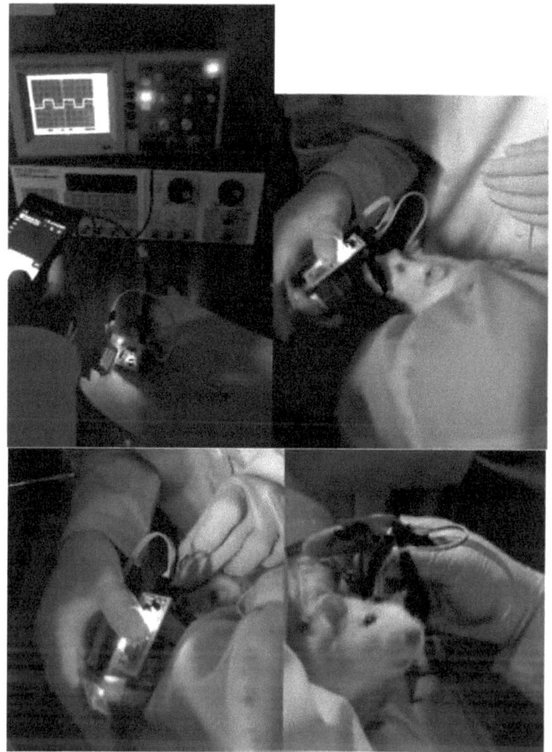

Figura 4-8 Estimulador cerebral sem fios (WBS) ligado ao rato.

Depois de testar o estimulador, colocá-lo numa pequena mala no rato (Figura 4-9)

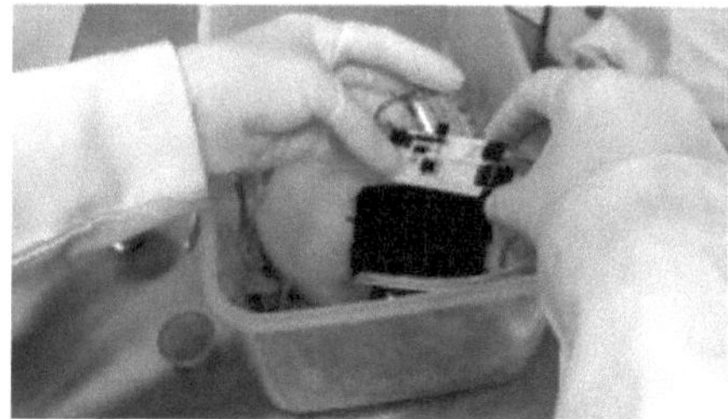

Figura 4-9 Colocação do estimulador no rato.

Durante 5-10 minutos o rato é deixado livre para se mover usando o estimulador (Figura 4-10), é verificado (através de um LED), que existe uma ligação correta entre o PEP e a aplicação Android, a duração da bateria foi testada, o consumo aproximado do protótipo é de 40mA, nesta condição a bateria funciona durante 4 horas em trabalho contínuo.

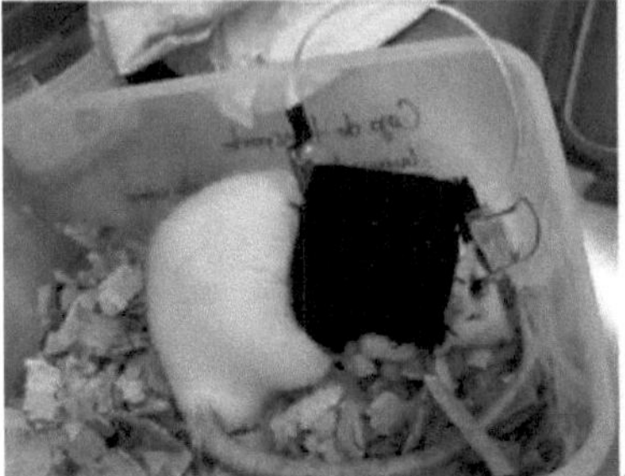

Figura 4-10 Rato com a PEP ligada e a circular livremente

Capítulo 5: CONCLUSÕES E TRABALHOS FUTUROS

Foi projetado e implementado um estimulador cerebral sem fios, que gera formas de onda sinusoidais, quadradas e arbitrárias (pulso), que podem ser ajustadas em frequência e amplitude através de uma aplicação Android intuitiva. O protótipo possui um sensor de corrente que desliga a estimulação quando esta ultrapassa um determinado limiar configurado previamente (este valor é definido numa das variáveis do firmware do microcontrolador) e desta forma protege o tecido que está a ser estimulado de qualquer eventual falha ou sobrecarga do sistema. O protótipo possui um programador InCircuit que permite efetuar alterações no firmware do microcontrolador de uma forma muito simples (apenas necessita de 2 linhas de programação, Vcc e GND). O protótipo tem dimensões de 3cm x 4,7cm, tem um peso aproximado de 8gr e tem um consumo de energia de 40mA com todos os CIs a funcionar em modo ativo.

Com esta primeira versão do protótipo, é fornecida uma ferramenta muito útil para estudos de estimulação em modelos animais. No entanto, há muito trabalho pela frente e várias caraterísticas, tanto de hardware como de software, que podem ser acrescentadas ao protótipo.

No hardware, poderiam ser adicionados mais canais, tendo em conta que isso aumentaria o tamanho do protótipo, mas permitiria outros tipos de experimentação. Propõe-se o desenho de uma versão 2.0 com a adição de um EEG, utilizando um EEG com Chip Front-End (como o ADS1299 da Texas Instruments ou equivalente noutras marcas), para registar os sinais cerebrais ao mesmo tempo que se realiza a estimulação. Como melhoria de software poderiam ser feitas modificações na aplicação Android acrescentando alguns campos para melhorar o controlo do protótipo sem fios e seria muito interessante plotar em tempo real o sinal EEG no ecrã do telemóvel.

Por outro lado, o protótipo deve ser testado durante períodos de tempo significativos em ratos, gerando grupos com diferentes tipos de estimulação e realizando variações de amplitude e frequência, obtendo assim dados relevantes e, posteriormente, processando essa informação e determinando se a estimulação gera alguma melhoria no modelo de Parkinson em ratos.

Referências

[1] Alzheimer's Association, "2014 Alzheimer's Disease Facts and Figures," vol. 10, n° 2, p. 80, 2014.

[2] M. J. AMINOFF, F. BOLLER y D. F. SWAAB, HANDBOOK OF CLINICAL NEUROLOGY, Amesterdão, Países Baixos: ELSEVIER, 2013.

[3] C. L. M. V. e. a. Terney D, "Increasing human brain excitability by transcranial high-frequency random noise stimulation," *The Journal of Neuroscience,* vol. 28, n° 52, p. 14147-14155, 2008.

[4] P. W. Nitsche MA, "Transcranial direct current stimulation," *Restorative Neurology and Neuroscience,* vol. 29, p. 463-492, 2011.

[5] Analog Devices, "ANALOG DEVICES," 12 2014. [En linea]. Disponível: http://www.analog.com/static/imported-files/application_notes/AN-1044.pdf. [Ultimo acceso: 2014].

[6] Texas Instruments, "TEXAS INSTRUMENTS," Enero 2015. [En linea]. Disponível: http://www.ti.com/lit/ds/symlink/ts3a5017.pdf. [Wtimo acceso: 2014].

[7] Laird Tech, "Embedded Wireless Solutions," 2014. [En linea]. Disponível: http://www.lairdtech.com/products/bl600-series. [Wtimo acceso: 2014].

[8] Texas Instruments, "Texas Instruments," 2014. [En linea]. Disponível: http://www.ti.com/lit/ds/symlink/ina214.pdf. ^ltimo acceso: 2015].

MIX
Papier aus verantwortungsvollen Quellen
Paper from responsible sources
FSC® C105338

Printed by Books on Demand GmbH, Norderstedt / Germany